微小疊代

你不需要完美的起點，只需要不斷進化

九邊◎著

高寶書版集團

寫在前面

從畢業到現在一晃已經十年過去，我依舊記得十年前離開學校站在北京西二旗的街頭茫然四顧的情景，隨後的日子好像過得特別特別快，一轉眼就到了現在。

我還記得在辦公室裡連夜調試程式碼，擔心第二天主管來了發現我的程式碼有問題而撐不過試用期的焦慮；也記得在會議室外緊張地等著消息，不知道接下來是順利升職，還是在原職位再待兩年的忐忑。到如今，以前遙不可及的那些目標都已經在不知不覺中實現，我也從當初二十幾歲的年輕人變成如今三十多歲的大叔。反思過去種種，我想告訴大家，奮鬥是一件很痛苦的事，需要你加倍的付出，承受巨大的痛苦去努力。不過，對我來說，痛苦並非難以忍受，因為陪伴我的，有寫作，還有分享。

我相信，寫作本身就是力量，也是一盞越來越亮的燈，你培養它，它照顧你。

生活有點像遊戲中的「撿垃圾」，到了一個地方，先把那個地方的箱子櫃子什麼的都翻一遍，找出有用的東西，將來升級了技能之後，這些垃圾就可以合成高級的玩意兒。這些高級玩意兒又成了你的得力工具，讓你升級更快、戰力更強，這種冪律（Power Law）增長是很驚人的，一開始超級慢，到後來超級快。

只是玩家在撿的時候並不知道哪些東西有用，甚至把撿到的東西直接丟掉，等將來需要用的時候卻找不到，生活成了狗熊掰棒子[1]，一邊掰，一邊扔，最後什麼也不剩。

而寫作，就是為撿到的每個垃圾找個位置存放起來的過程。弄懂了是什麼東西，用自己的話描述一遍，分享出來，這就是「費曼學習法」（Feynman Learning Technique）的重點，同時這些觀點也有了憑藉和連結，連結到之前的知識樹上。寫作過程本身也是學習過程。

總有人問我，某個領域你並不熟悉，為什麼還要寫呢？

我反而很納悶，不了解才需要學習啊，學得越多，思想越開闊，解決問題就越容易。不斷寫作和分享讓我受益良多，不僅在公司的職位越來越高，我現在寫的文章也明

1 寓言故事，大意是狗熊到玉米田摘玉蜀黍，摘一根夾在腋下，不久又摘了一根，又夾在腋下，卻把原來的那根弄掉了。如此一路摘一路掉，等狗熊離開玉米田時，身上依然只有一根玉蜀黍。

顯進步許多。

此外，還有一個意外的收穫，就是越來越多的人開始追蹤我，寫這篇文章前，在社群平臺上追蹤我的人已經接近一千萬，這是我始料未及的。不少人從我的分享中得到啟發，上本書《向上生長》出版後，北京不少名校老師在學生畢業前夕把這本書送給他們，希望那盞我反覆擦拭的燈能照亮一點點他們的路。還有人留言說，是那本書治好了他的憂鬱症。聽到這些，我真的很高興。

我一直有種去研究自己不太了解的話題的衝動，畢竟我對自己的定位是「關注成長的分享部落客」，而不是科普部落客。接下來的日子，如果時間充分，我還是會繼續分享下去，同時要多謝大家的體諒和支持，畢竟疏漏之處在所難免。

PART 1 創造自己的價值輸出

目錄
Contents

PART 4
勇於競爭才能不斷進化

PART 5
讓世界趨勢成為你的助力

目錄
Contents

PART 6 突破環境困局向上成長

PART 1

創造自己的價值輸出

別做流量的奴隸，靜下心來研究價值輸出，持續提供價值，創造網路，微小疊代，價值就會塑造你。

01 打破讓你痛苦而抑鬱的慣性

結合我個人的經歷，我發現，有些人之所以會過上痛苦而抑鬱的生活主要緣於三點。

堅持做容易的選擇

我一直對一夜暴富充滿期待，為了這個目標，這些年做了不少事，最主要就是炒股。在炒股之前，我做了一件很多人都會做的事，就是去玩模擬炒股。不玩不知道，一玩才發現自己是個股神，如果不是虛擬籌碼的話，我玩期貨差點就能獲得財富自由了。於是我立刻就坐不住了，興沖沖地投入股市之中，結果慘遭滑鐵盧。

很多年後，我跟一個做私募的朋友聊起這個，他說炒股賺錢之所以困難，不僅僅是因為跟寫程式、做醫生一樣需要一定的技能，更重要的是，炒股其實是在跟自己對抗。

面對一件事，每個人都會產生一堆想法，經過一番掙扎後，最後某個想法勝出，然後執行。問題是，絕大部分人總是選擇那個容易的想法去執行，同時還給自己找理由，讓自己相信「容易的選項」才是合理的。而「容易的選項」和「從眾心理」在股市裡是最危險的。

為什麼你買它就跌，你賣它就漲？因為你和其他人的動作是一樣的，多數人形成了一股大流，便被集中收割了。大部分人平時不關心股票，只是在漲了一段時間後，發現周圍的人都賺錢了，他們才開始入場，然後在暴漲階段大幅買入。其實暴漲階段就是最後階段了，於是這些人可能遭遇暴跌，從而被「綠」（跌）得心灰意冷，不玩了，可是等下次漲到快要崩的時候又來了。不收割這些人要收割誰呢？

如果你是長期持有股票的話，暴跌什麼的對你根本沒什麼影響，幾天內看著跌得很猛，其實也才跌了百分之二十。要知道，明星基金的收益率，都會比上一年漲一倍以上。你慘，主要是因為入場太晚，不是經過深思熟慮進來的，而是跟著大眾湧進來的，所以就很危險。

一次暴跌對於新手而言很痛苦，但對於老手們來說不是壞事，暴跌預示著下一個週期的開始。老手們都是等跌完了再建倉（買入），而新手往往會在山頂建倉。這麼多年來，總是有無數人同時有同樣的想法，這不是偶然，而是必然，因為大部分人都傾向於做容易的選擇，而各個機構都設有止損線，跌到一定程度就自動清倉了，做到了「莫得感情」，誰屠誰自然一目了然。

生活中這種情況比比皆是。面對新事物，絕大部分人的選擇都是「再等等看」。但其實，初期入場難度是最低的；面對便宜的股票和房產，絕大部分人看不上，等到漲到貴得不行再買，一買就成了接盤俠。碰上挑戰忍不住想退縮，多年後回過頭來，才發現人生的關鍵點，都是那些挑戰。

前段時間我看到一個說法，說持有房產漲十倍的人非常多，持有股票漲十倍的人卻非常少，主要原因是，多數人平時沒有那麼多精力去查自己家房子值多少錢，而且把房子賣掉變現也比較麻煩。股票就不一樣了，隨時可以查，隨時可以賣，最後的結果就是很難長期持有。

所以說，人類的幸福並不相通，痛苦卻是一樣的。想法千奇百怪，到了落實階段，卻絕大多數人都選擇了容易的選項。選擇了容易，往往快樂是一時的，代價卻是長久的。就好像在遊戲裡，你選擇了低難度，打怪確實是容易了，但掉落的經驗也少了，經驗值一直上不去，於是等級也上不去，這樣就打不了更大的怪，然後等級更上不去，最後澈底卡關了。

為什麼我拿著虛擬籌碼炒股像個股神？因為在虛擬世界裡沒有「沉沒成本」（無法回收的成本），做什麼選擇都不痛苦，而在現實世界裡，做任何決定都有代價，很多時候正確決定就在眼前，可就是不敢去做。所以，第一個讓你過得痛苦的慣性就是一直做容易的選擇，堅持一二十年，慢慢地人生選擇越來越少，也就越來越痛苦。

永遠當一座孤島

吳孟達去世後，周星馳和吳孟達的關係引發了一系列討論，不少人說他們的關係並不像外界傳言的那麼差。其實了解周星馳的人都知道，他在電影裡嘻嘻哈哈，可在現實生活裡孤僻到了極點，大家可以去看看香港電影圈對他的評價，不是說他不好，而是說他對誰都冷冷淡淡。

早期大家很喜歡他的「無厘頭」，但是他自己演了幾年後根本不想再演了，這也是為什麼不少人說他的電影好像變了風格，不如以前好看了，因為他自己並不喜歡那些無厘頭的東西，所以後期拍出來的作品跟之前完全不一樣。這類人在生活中有很多沉迷於自己的小世界無法自拔，完全孤立於現實世界之外，跟誰都保持著距離。

我不知道周星馳到底痛不痛苦，不過在現實生活中這類人普遍過得都不太好，而且「孤僻」是一種「下行循環」，你把自己封閉起來，別人不了解你，會以為你討厭他，關係自然不會太深，慢慢地，你周圍就沒了朋友，變得更封閉了。

我之前看過一篇論文，分析人際關係對大腦的影響，我們跟朋友的親密關係，功效跟布洛芬（Ibuprofen）有點像，人從社交中得到的歡樂可以抑制痛覺受體，產生止疼作用。不僅如此，孤僻的人更容易得憂鬱症，可能是負責獎勵機制的大腦區域長期沒有啟動，慢慢就失去作用了。

人這輩子不可能一直和考試一樣，分數主要靠自己掌握，等到大學畢業後，你會發現沒人跟你單打獨鬥，往往是縱向和橫向資源一起上，比如家族三代的資源集中在一代人身上，或者是身邊有高手提攜，這個時候你還指望單憑自己的能力打出一片天地，不是不可能，而是太理想化。你需要別人幫你，情緒上或物質上的支持，有賞識你的主管提攜你，有關係好的朋友傾聽你，防止你自爆。所以，孤僻不僅不利於身心健康，對職業生涯也有害無利，孤僻的人承擔的壓力更大，獲得的動力卻更少。

當然，我並不建議大家為了避免被孤立就去進行無效社交，而是每個人都應該有一兩個時常聯繫的朋友，平時多聊天，互相排解，說不定能提升你的生活品質。除非你想過得苦而抑鬱，那就永遠當一座孤島，誰也別理，效果非常好。

準備好了再開始

我們從小被灌輸「準備好了再開始」，但在部分西方國家的菁英教育中有個原則叫「先做，再想」，或者稱為「實習生定律」。大家回想一下，大學四年學到的東西是不是感覺不如實習幾個月來得多？當然，我不是否定大學教育，而是想說實習的學習模式非常好。在實習期間，你直接上場做，一邊做一邊學，學了就能用。這一點對於軟體工程師來說好處尤其多，學得最快的就是大學剛畢業那三年，很多東西根本沒準備好，直接就被趕鴨子上架。

公司和個人都一樣，特斯拉（Tesla）就是一邊投產一邊研究接下來怎麼進一步疊代優化，所以其生產的電動車就跟哺乳動物一般，不斷進化。

事實上，許多時候如果提前知道會有多困難，很多事情根本沒辦法展開，大部分人會直接被嚇退，甚至很多成功的創業者也表示，當初一腔熱血，根本沒意識到後來有那麼多麻煩，如果一開始就知道那麼艱難，就不會去做了。

十年前工業界很不看好替代燃料車，因為電池成本太高，產出的車太貴，根本無法推廣，那時候大家更看好氫能源。然而，在接下來的十年間，隨著各個主流電池廠商不斷努力，再加上電動車賣得多，大量科研經費投入到電池應用上，電動車的電池成本在十年間降低了近百分之九十，價格越來越便宜，如今電動車成為主流，氫能源反倒越來越乏人問津了。

所以，有什麼想法可以先低成本地起步，一點點疊代，一邊做一邊學，不一定要用最完美的方式解決碰到的問題，哪怕用最笨的方式解決了，也比沒解決來得強。事前想得太多，很容易裹足不前。以小見大，以大見小，邏輯都差不多，行動比知識重要，有事就先做事，如果一直不開始，時間久了就會忘記自己的初心。

02 正向面對人生的三道窄門

如果把人生當成一個打怪練功不斷升等的過程，那我們大概有三道窄門需要跨過去。

第一道窄門：教育

對現代人而言，教育有雙重意義，第一重是教育本身是個認證機制。既然是認證機制，那麼就要學一些平時用不著的東西，來篩選你某方面的能力。才智一般的人，勤奮也是一種優良品格，一樣可以作為選拔標準。學歷代表著起點。有了學歷，很多職位就會對你敞開大門，你也就獲得了先發的優勢。學歷不如你的人，除非有神奇技能，否則得用一輩子或者很多年，才能一步步奮鬥到你的起點。

所以在未來許多年裡，學歷依舊是多數人掌握先發優勢的基礎。如果連會考、指考這種相對平等的競技都拿不下，後續的遊戲只會越來越難，因為考試之後的比拚，大部分都是在拚道具。

升學考試會對社會進行第一輪分層，水準接近的人趨向於待在一起。不同層級之間接觸越來越少，了解也越來越少。網際網路並沒有消除這層隔閡，反而會加劇。之前問答網站上有個問題：「月薪三萬人民幣（臺幣十三萬多）真的很容易嗎？」提問者是個來自三四線城市、學歷一般的年輕人。他觀察了自己周圍的人，發現只有做得非常好的主管才能達到這個收入，但是看大城市各個網際網路公司的招聘，很多大學生一畢業就能拿到這個收入，讓他感到很迷茫。

其實，很多人一步抵別人十年，並不是他的職位需要具備多厲害的技能，而是他所在的行業本身就是高獲利產業，第一輪履歷篩選就把絕大部分人比下去了。畢竟在招聘人員看來，學歷的本質是眼前這個應徵者過去十幾年的總結證明，你說他是願意看一張有形的總結證明，還是願意相信看不到的品格？

當然，學歷只是門檻之一，還有更複雜的。電視劇《人民的名義》中，將漢東省的官僚系統分成兩大派，一派是以政法大學畢業生為核心組成的「政法系」；一派是由主管祕書組成的「祕書系」。以小見大，這種派系到處都是。因為「小圈子認同」是人的本性，從石器時代沿襲下來的習性已經根植於人類的基因，人都會習慣性地加入某個小圈子抱團取暖，小圈子裡的人也傾向於幫助自己人，以備將來自己需要幫助的時候有人伸手拉一把。

很多時候你的畢業院校也會自然形成一個圈子。面試官是哪所大學的，就傾向於雇用哪所大學的人；專案組的組長是哪所大學的，也傾向於選擇自己的學弟學妹。

教育還有一重意義，就是降低社會的「共識成本」。具備相同基本知識的兩個人，坐在一起針對有分歧的問題進行討論，就不需要對一些基礎的東西加以解釋。比如，別人和你聊《雪中悍刀行》，如果你沒看過這部書，就沒辦法聊。再比如，你從沒用過商業數學軟體MATLAB，根本不知道它有哪些功能，就沒辦法跟那些做科學研究的人聊。

知識層次越接近的人，越容易達成共識。而且，知識水準越高，大腦越清楚，看事情就越容易看明白。有事雙方一討論，有道理的那方勝出，而不是死纏爛打，彼此聽不懂對方在說什麼。「達成共識」的最終目的不是聊天聊得爽，而是更好地協作。進行大型專案最主要的問題就是溝通成本，因為幾乎所有相關人員都得不斷磨合，對一個目標形成共識，不然無法展開工作。而教育，很多時候就是提供一種共同的「知識地層」，讓大家的大腦有條理、有基礎，認同一些基本原理，進而攜手協作，解決問題，進行創新等等。

現代社會效率大大提升，無疑是義務教育直接排除了很多偽科學的功勞。讀過書的人把「萬有引力」、「進化」、「熱力學第二定律」當成常識，大家就沒必要再去糾結這些基本原理對不對，而是可以直接運用這些原理解決問題。就好比你平時用電腦，很少關心作業系統怎麼運作一樣，更不會去關心驅動程式怎麼運行。教育就像是給大家都裝了一樣的作業系統。比如，大家在討論蓋一棟大樓的時候，商量的都是地基夠不夠穩，有沒有人會買這棟大樓，而你突然冒出一句「蓋大樓會不會驚到山神」，這就沒辦法討論了，人家只會把你踢出去繼續開會，因為你跟其他人的知識地層不一樣，跟你溝通是浪費時間。

說到這裡，就得解釋博士跟普通人的差距在哪裡。兩者相差的並不是知識量，儘管知識量本身差距很大，但真正有差距的是「研究的習慣」。碰到一個問題，普通人可能上網查一下，了解個大概，而受過系統訓練的博士可能透過多種方式，比如查期刊論文、查英文資料等，把這個問題研究透澈。一般人既沒有博士深入研究問題的那種心力，也不具備那麼強大的「工具庫」。

「工具庫」漸漸變得比人本身更重要，現代人一天創造的財富可能比古代兩千年創造的財富總和還要多，不是因為人類進化出來兩千隻手，而是擁有越來越先進複雜的工具。工具超越了人類。大到太空站，小到替心血管做手術的奈米手術刀，還有其他許多不太顯著的工具，比如日積月累的論文庫、軟體工程師日常用的Git、剪輯影片用的Final cut，甚至包括有錢人經常玩的信貸，本質上都是工具庫裡的工具。使用先進複雜的工具做幾個小時的工作，可能比沒有工具的人幾年做的工作還要多，更別提有些問題少了相關工具，根本無法解決。

不少一文不名的人，藉由發影片成為自媒體紅人，這正是利用了網際網路這個工具將自己的優勢放大。前陣子我看新聞，提到兩個學歷非常低的年輕人參與了某部重要電影的後期特效製作。這兩個人就屬於沒有學歷，但擁有厲害工具的類型，這個工具為他們賦能了。

大家一定要釐清楚一件事：你從網路上學新東西、掌握新的技能，或者網路幫助你實現自我，那麼網路就是你的工具；如果你只是在網路上玩樂，花費自己的時間和金錢，卻只得到精神上的滿足，那你就是網路的工具。在免費的江湖裡，你就是產品。

所以，教育有以下幾個目的：

一、獲得文憑。

二、學會使用幾個先進複雜工具。

三、掌握參與協作的基本知識。

這三點都是不斷「退而求其次」的。先要拿到文憑，如果拿不到厲害的文憑，就拿個一般的；如果拿不到文憑，那就掌握幾個先進複雜的工具；如果工具也掌握不了，那就做一個有基本常識的人。之所以說教育是道窄門，是因為絕大多數人在上述三樣中一樣都沒有掌握。

大部分人在「教育」這道門上碰得頭破血流，學歷高不高是次要，畢竟人生路漫長，今後翻盤的機會非常多。但是，如果一個人從一開始就認識不清，常識感太弱，總是在不實際的事情上糾纏，不能理性看待問題，沒有主見，不會吸收新事物，看到不理解的東西就覺得是在亂搞，那麼不用懷疑，他的人生沒救了。

人為什麼要終身學習，不是因為知識有多值錢，而是要把自己變成一個講道理、能吸收新事物的容器，這樣在機會到來的時候，就不會本能地去忽視，而是會去研究這個新鮮事物到底是什麼。比如我多年前接觸比特幣，第一個反應是這東西肯定不可靠，懶得去了解。雖然我現在也沒多了解比特幣，但是我已然懂得能廣泛流傳的新事物肯定不是那麼簡單，值得花時間去了解一下。所以，雖然教育是人人都會經歷的事，但並不是每個人都真正能從中獲益。這是第一道窄門。

第二道窄門：工作

人工作的時間很長，如果從二十二歲大學畢業開始工作，到六十五歲退休，總共約有四十多年的工作經歷，而其中決定未來發展方向的大概是畢業後的那八年左右。畢業工作七八年以後，你的職涯格局基本上就確定了，越往後，能改變的機率越低，一眼也就看到盡頭了。

工作有兩種，一種是本身的性質就非常局限，門檻不高，可能唯一的好處就是穩定；另一種是感覺不太穩定，且門檻很高。如果你選了第一種，那沒什麼可說的，提前過上老年人的生活。而第二種，能不能升等往往只是表象，比升遷更重要的，其實是你適不適合這個體系，以及你對工作有沒有熱情。

同一件事，有些人做起來就跟玩樂似的，有些人卻跟坐在火爐上烤一樣度日如年。對工作沒有熱情，自然不會思考怎麼改進；不改進，自然也就不會有突破。如果沒有持續改進，每隔一段時間沒有一點微小突破，很容易就被表現更好的同行超越。積少成多，就在畢業工作後的這五六年間，人和人之間的差距真的可以拉到很大。

在學校裡，大家的差距不會太明顯，畢竟知識不能直接兌換成金錢，不兌換成金錢效果就不明顯。但是出了社會，隨著學識逐漸兌換成金錢和地位，人與人之間的差距就越來越明顯了。一般大學畢業二十年後，同班同學再見面，彼此的差距往往會天上地下。累積的「量變」形成好幾次「質變」，彼此就不在同一個次元了。

而且，你能不能升等，本質上還在於你能提供多少價值。哪怕你什麼都不會，就會拍主管馬屁，那也是為「關鍵角色」提供了情緒價值。換句話說，進入職場後，你就得想辦法不斷輸出價值，並且要不斷提高自己輸出價值的能力。你最後的目的是能力增強，上升到關鍵位置，或者讓主管把你提攜到關鍵位置，反正就是得往上爬。再或者轉換跑道，我認識幾個人，雖然創業搞得一塌糊塗，但經營自媒體卻很成功。

或許有人不認同，覺得自己所在的職位，做多做少都一樣，主要看關係和背景，成績和能力不重要。可這也是沒辦法的事，誰讓你選擇了這麼一個不看實力的公司，那你就只能為自己的選擇買單了。

年輕人不妨自問，你到底能不能接受那種緩慢、一眼看得到盡頭的生活。如果可以，那問題不大，畢竟穩定是有代價的，而且代價非常大。如果無法接受，那就去冒險，去承擔不確定性，去賭一把。

前幾天我看到一個數據，說深圳百分之八十的人都是租屋，大部分人一年的薪水還不夠買一坪的房子，所以大部分人最後都得離開。但是換一個角度思考，如果你在老家也沒什麼發展，為什麼不去大城市試試呢？在大城市拚一拚，說不定能拚出點成績呢。

所以工作是第二道窄門。有些人從事的職業能一眼看到盡頭，提前過上養老生活，尤其是剛畢業就從事這類工作的人，越往後發展空間越小；有些人對工作本身沒什麼熱情，最終就會被堵在這道門之外。

第三道窄門：趨勢

大家不妨問問身邊比較會賺錢的人，真正跟你關係好的人大多會告訴你，賺錢的最根本條件是運氣好，不小心進入一個正向回饋循環，怎麼玩怎麼賺，很快就發了。財富累積就是這樣，跟上班賺錢和學習新知完全不同。關於賺錢的機會，現在流行稱之為「風口」（趨勢）。抓住一個「風口」，你就不是多賺百分之二十或者三十，而是成倍往上翻。

每個人一生中都會經歷這麼幾個大風口。風口並不完全是壞的，其實現在的房地產致富神話也是如此，比特幣也是，股市也是。如果你抓住了這些風口，你財富累積的速度比火箭升空的速度更快。最近十年，我就親眼看到了四個致富神話：房地產、茅臺、比特幣、網際網路（包括各種影片和直播平臺的崛起）。我知道有些人到現在都覺得這些東西是在亂搞，但事實擺在眼前，你不得不承認。

不過你也不需可惜自己錯過了那些風口，接下來的十年肯定還有各種風口。財富的輪子就這樣滾來滾去，說不定眼前就有一個，只是還不明顯，待到許多年後回過頭來看，可能會發現很多跡象。

當然，我只是說明這個道理，並不是建議大家去找風口，所有真正賺錢的方法背後都有風險，而不同的人對風險的感受完全不同。

比如我認識一個朋友，炒股賺到了錢，非常多的錢。遇到他之前，我根本不相信有人真的可以在A股（人民幣普通股票）這個賭場裡賺到錢。然而這個朋友說了他對風險的理解，我覺得非常有道理。他說他是潮汕人，如果今天百分之十的家產沒了，他也不覺得怎麼樣，並不是因為有錢才這樣想，沒錢的時候也這樣想，從小父母灌輸給他的就是這種觀念。另外，他長期浸淫股市，非常了解行情，別人眼裡的風險在他眼裡不算風險。就有點像消防員帶市民做消防演習，他點燃一個瓦斯罐，一般人嚇得半死，而他卻非常淡定，因為作為一個資深消防員，他知道這是沒有風險的。

還有一些人，雖然賺到了錢，但是完全不懂其中門道。不少人在過去幾十年裡，買房子、買基金、買比特幣、買茅臺確實發了，可是卻不懂為什麼，反觀那些真懂的經濟學家普遍是靠「知識付費」賺錢，很少靠投資發財。有人甚至堅持錯誤的觀念卻做出對的投資。之前有一個私募基金經理分享了長期盈利的祕訣，他說每個人一生中只要做對一件事，就可能澈底翻盤。他說他二叔堅持買茅臺股票近十年，並不是因為他二叔對茅臺有深刻的了解才做出理性的決策，完全是因為多年前還是大學生的他，告訴二叔持續買五糧液的股票，結果他二叔把五糧液記成了茅臺，一直買，所以就發了。

財富累積有兩個形式，一個是線性的，你透過出賣自己的時間賺錢，如果你賣給固定的人，那你就是上班族；如果你直接到市場上賣，那就是自由業；如果你轉賣別人的時間，那就是創業。這些錢有的來得快，有的來得慢。

另一個形式是，你有意無意交了好運，於是趁勢積累財富。從這個角度來看，「你永遠賺不到超出你認知範圍的錢」這種說法是錯的，小錢靠認知，大錢靠運勢。只是今後的錢越來越轉向資訊層面，所以對認知的要求越來越高，無腦賺錢的年代漸漸遠去了。

那有什麼辦法能把握這種好運呢？

首先，你得藉由工作提供現金流，這沒什麼好說的，就是必須要有初始資金，初始資金越大，玩法越多。一般人往往看不上報酬率百分之十的理財商品，因為百分之十的報酬改善不了他們的生活。但如果你有幾千萬，年利率百分之十，收益就非常可觀，你說好不好玩。

其次，你得承擔一定風險。風險和財富就像硬幣的兩面，正是因為存在風險，其他人才不會輕易跟你搶食。等到大家都領悟過來，財富，包括買房「致富」的神話，也就慢慢少了。當然，不要為了財富去承擔你承擔不起的風險。

最後，所有風口都不是一天造成的，而是需要許多年，如果願意的話，你有足夠的時間去研究。試想房產、比特幣，是不是都是這個邏輯？大部分人很早就聽說了這些東西，但是直到末期才加入，結果就成了「韭菜」。所有風口皆是如此，第一波吃肉，第二波喝湯，第三波還債。那有沒有什麼辦法？沒什麼辦法，除了運氣，就是要保持一顆寬容和學習的心，碰上新事物，願意去學習，願意去了解，而不是直接將之跟「胡鬧」畫上等號。

我寫這篇文章的目的並不是建議大家去投資或者冒險，千萬別這麼想。我只是跟大家分享所見所聞，而且既然是「窄門」，代表絕大多數人擠不過去。所以，如果你最終沒過去，也不要糾結；如果過去了，盡量心懷感恩。能力占的比例沒有大家想的那麼大，運氣占大多數，只是自己承不承認罷了。但是無論如何，要懷抱開放的心態，碰上新事物敢於並善於去學習，說不定哪天就會有意外的驚喜。

03 你需要長久穩定的價值輸出

有朋友說我社群平臺為什麼寫熱門話題的內容那麼少，這也是我去年想明白的幾件事之一。我前期也蹭過一段時間熱度，效果非常好，文章點閱率衝得非常非常高，一度讓我有種好日子就這樣過下去的感覺。但這其實是雙向的，內容選擇讀者，讀者也會選擇內容。天天蹭熱度，讀者結構會慢慢發生變化，那些並不關注熱度、在意深度的讀者就會流失，最後只剩下看熱鬧的讀者。不是說看熱鬧不好，只是這樣下去我沒辦法進步。

慢就是快

我後來發現不少有水準的自媒體人經常蹭熱度，時間久了，離開熱度就不會寫了。更重要的是，他的粉絲結構變了，再也回不去了，寫點別的粉絲就抱怨，說「別寫這個，我們不看這個」。這樣他很容易動搖，一直蹭熱度誰都會心虛，不想蹭又停不下來。所以我果斷調整了路線，替自己定下規矩，寫每篇文章，我都必須學到點什麼，也要讓讀者學到點什麼。這麼做儘管點閱率不像之前那麼高了，但是整體內容比較扎實，我自己一邊寫一邊學，也能保持一個不斷進步的狀態。

我想了想，以前做過的許多事，其實沿著既定路線慢慢做下去就可以做成了，但總是基於各種原因，情緒起伏，或是患得患失，或是急於求成，或是意志消沉，或是太過在意他人評價，反正最終把事情搞砸了。多年以後檢討，我發現絕大部分搞砸的事，基本上都跟「心態崩潰」有關，甚至「九邊」這個社群平臺我也放棄過一次，考慮放棄過幾十次。大家不妨反思一下，是不是大部分沒做成的事，跟能力都沒太大關係，主要是當時想法太過奇葩，太過急於求成，自己把自己給坑了。

我也經常收到各種批評，有善意的，也有惡意的。這是沒辦法的事，以前這種事挺困擾我的，經常讓我陷入自我懷疑；現在好多了，我能把這些亂七八糟的東西都排除在外。比較有意思的是，從我只有兩百個追蹤者的那時候起，就不斷有人說「你寫得不如從前了」，到如今幾百萬個追蹤者，仍然能聽到這種聲音。現在想想，這確實是沒辦法的事，不管你做什麼，都會有人不喜歡，如果太過在意負面評價，那你什麼事都別做了。

而且，「心態崩潰導致失敗」的邏輯到處都可適用。比如，有人炒比特幣、白酒、電動車、光伏，從價格很低的時候開始炒，等到這些東西價格非常高了，他們卻反而沒賺到錢，因為這些東西都是在波動中上漲的，大部分人隨著價格的波動各種操作、各種買賣，最後看著好像耗費很多年，其實根本沒賺到。所以不管做什麼事，都要情緒穩定，最好是「莫得感情」。

我前段時間在問答網站上回答問題，討論到究竟能不能一輩子做工程師。其實，能不能一直做工程師，和工程師賺不賺錢沒關係，關鍵是自己的心態。因為你慢慢會遇到以下非常慘烈的痛苦：

一、你最好的朋友升職加薪了而你沒有。

二、你大學同學發財了你沒有。

三、你親戚調漲薪水了你沒有。

這些傷害非常大，遠遠比「工程師有沒有前途」重要得多。可能你自己三十多歲做工程師，一年能賺五十～一百萬人民幣（臺幣上百萬），別人還挺羨慕，但是你的內心卻很崩潰，因為你周圍的人做管理職了，收入比你高。你久久無法平衡，最後對職業產生了倦怠，手裡的工作越看越煩。

同理，我最近認識了一些網文大神，原本寫得好好的，突然就不更新了。我還挺納悶，那麼多人等著看，為什麼就不更新了。其中原因不一，但基本上都是寫作後期出現了落差，要麼自己覺得寫得不如從前，要麼就是被人罵了，追更的人少了，反正就是心態崩潰了。雖然其他人覺得寫得還可以，但作者自己經歷了一番低潮，心理上維持不下去，手上的工作再也沒有吸引力。

所以我這幾年有個感想，每個成事的大神，都得對抗無數心態上的崩潰。別人潑的髒水，人類天生的惰性，還有社會喜歡比較導致的失衡，這些痛苦越持續，傷害越大。回到文章話題，當一個自媒體人吃慣了熱度流量後，這種流量本來就不太穩，情緒隨著流量波動，非常不利於身心健康，而且容易陷入各種沒什麼道理的自我懷疑。此外，蹭熱度的文章保存期限特別短，只有一兩天，過了就沒人看了，這和我一直以來的想法相違背。

自己做和上班有個明顯差異，就是「長尾效應」。你在公司設計個產品出來，公司付你薪水，然後就沒了，將來這個產品能賣多少錢，能賣多少年，都跟你沒關係，哪怕這個產品創造出一個巨大無比的公司，也跟你沒關係。但自己做出來的東西自己賣的話，就有一個隨機性和長尾性。隨機性的意思是你的作品可能沒什麼效果，但也可能會爆紅，爆一個或許就能改變一生。「長尾性」的意思是你今天的一篇文章，明年可能還在為你賺流量，很多文章疊加在一起，就會產生一個巨大的長尾。

人總是要做選擇的。選擇短期還是長期，是快還是慢，都得主動選，最起碼要讓自己不做流量的奴隸，能夠靜下心來研究如何創造價值。所以我後來就下定決心熱度能不蹭就不蹭，盡量每篇文章自己都要學到一件事，比如之前有篇講電動車的，我看了幾十萬字的資料，找了十多個業界大神，最後不僅我對電動車更加了解，讀者也有所收穫。

搭建價值網路

如果是做買賣，到底什麼樣的買賣才能做得規模又大又長久？現在有個說法，叫「價值網路」，也就是你能提供價值——能幫到別人的東西叫價值——同時你還需要網路。網路讓價值不斷放大，價值讓網路不斷鋪開。

舉個例子來說，最明顯的就是蒸汽機，蒸汽機其實古希臘時期就有了，而且一直不斷改良。瓦特（James Watt）剛好趕上一個臨界點，在他之前，蒸汽機一直用於為礦井抽水，雖然能幫上點忙，但是故障率和笨重的體積嚴重限制了蒸汽機的使用，優點缺點互相抵消，且缺點略占上風，導致蒸汽機一直無法普及。經瓦特改良之後，蒸汽機才漸漸在越來越多領域提供正向價值，大眾也就越來越需要蒸汽機。用的人越多，就會有越多人知道並使用蒸汽機，慢慢地就變得勢不可當，席捲全世界。改良之後的蒸汽機用在火車上、輪船上，大英帝國快速進入了新時代。同樣的，但凡能成功的事，肯定是能為別人多多少少提供點價值的，只有大眾獲得的價值大於付出的時間成本，你做的這件事才會跟蒸汽機一樣有人需要。

另一個關鍵是「網路」。網路不是所謂的網際網路，而是「連結」，一種互相背書的關係。假設你朋友用過一個東西覺得不錯，介紹給你；你用了也覺得不錯，又介紹給另一個朋友。說不定他收到兩個人推薦，就更喜歡這個產品。而且網路裡有 KOL（Key Opinion Leader，關鍵意見領袖），他們推薦一次，可能抵一般人推薦一萬次，類似購物平臺經常用的話術「某某主播、某某明星推薦」。還有一些特殊的案例，像是老先生的畫一輩子沒人理會，偶然被大型畫廊選中拍賣了一次，從此身價暴漲。

有價值的東西會自己形成網路，這裡的價值意指很多東西，比如知識、方法論、安撫情緒等等。所以不管做什麼，首先要想的是能不能提供價值，而且是持續提供。如果可以，那就不斷輸出，慢慢讓價值沿著網路擴散。

微小疊代

我剛踏入軟體行業的時候，經常納悶一個專案幾百萬行程式碼，大家是怎麼寫出來的。

後來發現這根本不是問題。如果一口氣寫這麼多出來，確實比較麻煩，但是專案都有一期二期三期，每次加點新功能，慢慢就變得非常不一樣了。

我見過一個特別的專案，最早是客戶擔心設備過熱，但又不想在現場看著，於是要我們設計個小功能，一旦過熱，設備就自動發訊息給客戶。一個實習生總共寫了不到五十行程式碼就搞定。後來客戶要求把其他的一些故障檢測也同樣設置簡訊提醒，漸漸地這類需求越來越多，一直調整，調整了五六年，現在這個專案已經衍生成一個獨立的管理系統，還能單獨賣錢。其他軟體專案也差不多。每年做幾個月，每次加幾個小功能，慢慢就變複雜了。還有些軟體被某個公司做了幾十年，形成了壁壘，其他公司想加入也非常困難，比如那幾個著名的資料庫公司和作業系統公司。

我在上段提到的蒸汽機也是如此，瓦特改良了紐科門（Thomas Newcomen）的蒸汽機，特里維西克（Richard Trevithick）又改良了瓦特的蒸汽機，發明了高壓蒸汽機，用在火車上。

這幾年我發現，做產品、運動和寫文章都差不多，一開始先做個小的，慢慢越做越大。馬斯克（Elon Reeve Musk）在一個談話節目裡也曾講到，我忘記原文是怎麼說的，大致的意思是「微小疊代」，這對我衝擊很大，也因此明白了那句話：做大事和做小事差不多。反正再大的事，也是分成許多個小事慢慢做。我寫文章也是，看起來一大篇，如果一口氣寫完確實比較虛，所以先寫個架構，再慢慢充實，或者把社群平臺上發表的文章加進去。一開始不OK，改幾遍就成形了。我現在也覺得，不管什麼事，只要能分成足夠小的可操作步驟，基本上就什麼事都能搞定。

人可以選擇自己做的事，做的事也會反過來塑造人，兩者之間是一個相互進化的過程。希望大家都能找到屬於自己的事，能夠長期輸出價值。價值創造網路，價值也會塑造你。

04 為你的才能找一個用武之地

我大學畢業的時候，是去大城市還是回老家，根本不是個問題，因為我大學主修物理、電路之類的奇怪科系，不去大城市能去哪裡，回老家好像沒什麼出路，畢竟挖煤又用不著大學生，所以只能待在大城市，死皮賴臉待在城市裡，指望著將來薪水會上漲。

很多人問：你們那時候是不是房價沒有現在這麼高？也不低，事實上，一線城市的房價從來沒低過，從唐朝開始就非常貴。二〇〇六年之前倒是還好，不過也沒人買，等到大家注意到房價會漲，已經貴得離譜了。

換個角度來看，假設現在是二〇三〇年，回頭看二〇二〇年肯定有什麼東西等著爆發，但是我們能看懂嗎？會借錢去投資嗎？應該會有人那麼做，但不會太多。回到二〇〇八年之前，大部分人的心態和現在的我們差不多一樣懵懂，只有極少數人無意間抓住了機會。

當然，也有一些人確實是看明白了，那時候已經有人出國轉了轉，發現國外的大城市房價貴得離譜，便下手了。言歸正傳，為什麼要去大城市，其實就我個人而言，主要是下面幾個原因。

個人價值在「快速通道」裡才能起飛

有個基本常識很多人不知道，那就是人生需要槓桿，自身運氣和國運就是那根槓桿，國運好理解，國運上升期很多人什麼都沒做就跟著發達了，所以接下來主要說說機遇。

如果只靠個人能力，發財非常難。發財要靠機遇，大城市機遇多。儘管我自己還沒發財，不過我這些年親眼看到周圍許多神話的誕生，我自己也經歷了幾件不錯的事，都是機遇占了最大比例。

我不是說人可以什麼都不做地等著天上掉餡餅，恰好相反，努力和進取是為自己「保底」。也就是說，對於大部分人而言，努力不一定有好結果，不努力則連個差的結果都保不住。如果想更進一步，就需要一些複雜的操作，比如有人提攜你，或者你不小心踏入一個新興行業，或者接觸到什麼厲害的事物。世界這麼大，任何東西都會有一部分人接觸到，如果那東西爆紅了，最早接觸的人也跟著發了。比如二〇一〇年，只有發展得不好的人才會去做手機端的App，因為那時智慧手機剛起步，聲勢還不明顯，如果當時入行，就恰好趕上了這波潮流，到了現在，想要發展得差也難。

不僅如此，人生還需要一些快速通道，經歷過這些年網際網路風潮的朋友都頗有感觸。本來不高不低的一些人，不小心去了什麼公司，那公司正好在瘋狂擴張，很快就從基層升到了主管，然後又升到專案主管。在正常情況下，慢慢往上升，達到這個職位可能需要四五年。幾年前，我所在的公司發展蓬勃，我自然不可能離職，但那時候有些人在公司發展不下去，於是跳槽去了新創公司，而現在那些人都快實現財富自由了。

長期來看，只要環境具備多樣性，優勢和劣勢就可能互相轉化，而且你的工作成果往往和社會認同相關。比如，之前有幅畫被認為是莫內的作品，於是賣出天價，被大收藏家收藏，進入展覽館。但是後來很快又被鑑定出並非莫內的作品，而是有人在莫內那個時代的畫布上畫的。既然證明是偽作，這幅畫也就成了垃圾，沒人要了。同理，前段時間有個出版社的朋友和我說，作家劉慈欣的《三體》暢銷之後，出版社也跟著賺了一筆，因為他們早早就把劉慈欣的部分作品簽了下來，之前苦於作者沒知名度，那麼好的作品都沒賣出去幾本，現在作者紅了，這些作品也跟著暢銷。

舉這兩個例子是什麼用意呢？同一件作品，在不同情境下命運完全不一樣。現在我們努力的成果，換個環境，或者換個評價體系，就可能賣出完全不一樣的價錢。而大城市，就提供了多元的交易環境，換工作、換環境都容易得多，你的價值也才能從多個角度被評審，比如你在大城市接觸的人多，很可能碰上賞識你的人，或碰上適合發揮你天賦的工作。

在小地方，這種機會就太少了，因為你接觸的人往往層級也不是太高，他想提拔你也提不上去，而且小地方再怎麼往上升也有局限。照理說，每個人都有潛能，只是大部分人一直沒機會挖掘出來，而大城市裡聚集的人越多，遭遇的事情越多，發掘個人技能的機會也就越多。你擅長的事物，可能你自己都沒有注意到其價值，如果待在小地方，你的才能可能這輩子就埋沒了。

比如幾年前我認識的一個房地產仲介，他三十多歲，長了一張人畜無害的大圓臉，對房產相關的知識如數家珍，天生讓人信賴，一直是他們那一區的銷售冠軍。他跟我說，他在當房產仲介之前一事無成，老家也沒有房產仲介這種職業，直到去北京買賣房屋，他才知道自己天生是個仲介高手，現在一個月賺的比他在老家十年賺的還多。

進步就是對自己下黑手

在小地方，你可能時間到就下班了，偶爾一次加班到十點多，看著公車上空無一人，很容易陷入自我憐惜，覺得自己真是太辛苦了。但是在大城市，早上七點捷運就擠不太上去了，晚上十點下班，路上依舊摩肩接踵，在人人掙扎向上的氛圍裡，自己也就沒那麼脆弱了，能夠承擔更重、更複雜的工作，成長也更快。

就如同受到外國企業威脅的本土產業自然會使出吃奶的力氣進步創新。我在評論區說過，進步本身就是對自己下黑手，如果沒有壓力，沒人能下定決心傷害自己。感受到危機，感受到差距，才會積極地進行自我改造，改掉各種毛病，戒掉自怨自艾。大城市會逼著你前進，你稍微慢點都會受到懲罰，這在小地方非常難以想像。大城市自帶危機感和差距感，非常適合自虐，年輕人很適合去大城市接受一番洗禮，這樣在後半生才能坦然面對生活的重擊。其實「痛苦」很多時候是一種「預期」，比如進部隊經歷了新兵訓練，此後承受痛苦的能力就明顯提升了，並不是大兵們真的脫胎換骨，而是經歷那些刻骨銘心的訓練後，他們承受痛苦的「閾值」大幅上升了。

此外，一線城市的薪水也比其他城市高得多，前幾天有個網友發私訊給我，我覺得他說得挺有道理。他說他在北京送外賣，好的時候一個月能賺到七八千人民幣（臺幣三萬～三萬五），差的時候五六千（臺幣二萬～二萬五）。他和幾個兄弟一起在城外合租房子，每月房租六百（臺幣二千六），每天吃喝花費二三十元（臺幣一百五以下），除去這些開銷，剩下的錢全部寄回老家，每個月至少能寄回去五六千，孩子在老家過得還不錯，他覺得自己在北京的生活也還可以。

也就是說，一線城市比其他地方薪水高，但是如果你把多出來的部分全都花掉，那麼當你有一天離開一線城市時，你的青春年華就相當於變成了那座城市的燃料；如果你把錢存下來，帶到二線城市，那就相當於一線城市為你提供了燃料。

在大城市生活的代價

其實上述內容暗示了一件事，那就是大部分人沒辦法發財，大部分人沒能激發出特殊潛能，大部分人沒攤上好運，他們白白耗費了時間，最後在大城市裡什麼都沒留下，還是得退到二三線城市。這種恐懼從人們踏上大城市起，就一直如影隨形，甚至擔心自己像一顆檸檬，被大公司榨乾最後一滴汁水後無情拋棄。即使你在一線城市收入已經非常高了，但是跟周圍的人一比較，卻毫無優越感，因為在一線城市才能體會到什麼叫高手雲集，這種感覺會進一步加深抑鬱感，無怪乎大城市到處彌漫著焦慮的氛圍。

很多人覺得自己活得很不爽，但在其他人看來他純粹有病，他收入已經那麼高了，為什麼依舊不滿？其實到了他那個位置，可能誰都爽不起來。在這種情況下，自然而然就演化出一堆奇怪言論，比如，家裡有王冠需要繼承還是怎樣，生什麼孩子？生出來的孩子繼續像自己這樣悲催嗎？人處於壓力和消沉狀態下，更容易接受這種觀念，從而導致有些人不願意或不敢生孩子。

我之前看到一個女生在我評論區的留言，她說她在上海的時候，每天累得喘不過氣，覺得生孩子簡直就是作孽，也沒時間帶，閨密們也都決定不要孩子。後來回了成都，找了個相對輕鬆的朝九晚五工作，公司離家不遠，步行上班，週休二日，婆婆也住在當地，下班後看到其他人帶孩子散步，自然而然就想要生一個，生了之後覺得也沒那麼難，又想生第二胎。而且非常奇怪的是，在上海的時候，周圍的人聊到孩子就發愁，到底生還是不生，非常糾結。回到成都，卻完全不是問題，到了那個人生階段不要小孩，反而有點怪。

整體而言，一線大城市提供了一種「場」，在這裡，你有更多的機會，潛能更容易激發，更有可能成為自己完全想像不到的人。但同時，在大城市生活的代價也很高，比如持續的壓力、焦慮等，從而影響你的身心健康。

如果你出身普通，年紀輕輕，不敢出國，但又想出去闖闖，去一線城市絕對是個好選擇。如果你本來條件就不錯，而且打算簡簡單單過日子，那待在二三線城市挺好，沒必要去一線城市受罪。

05 上班與創業，哪個更好做？

上班族年薪百萬和創業族年薪百萬，哪個更容易？這麼說吧，年薪百萬，基本上都是自己賺的，每一毛錢都是血汗錢。我這些年碰上憑藉工作年入百萬的人，清一色都是名校畢業而且累得半死不活。而靠做生意年入百萬的，則是各行各業都有，小作坊老闆、小商家、工程承包商、烤串店老闆、菜市場阿姨、網路商店老闆、女裝部落客等。藉由專業技術賺到上百萬對個人的要求非常非常高，大部分都接近技術天才了，真的是那種一堆人束手無策，而「行家一出手便知有沒有」的高手才能辦得到。

也就是說，想靠上班拿高薪，門檻非常高。相對而言，靠做買賣獲取高額收入的門檻要低一些。當然，這並不是說做買賣容易，只是說門檻比較低。試想，幾個人能獲得年薪百萬的職位，但是做生意要求就比較低了，我小學同學高中都沒畢業，在內蒙包頭市開了個汽車修理店，兼營洗車服務和串燒，未來還要做美容美髮，一年能賺上百萬。

我業餘經營自媒體這麼久，對這一點感觸非常深。做生意最大的特點是隨機性，趕上潮流可能就暴富了，當然，創業不如上班那麼穩定。上班的話，你知道明年自己很可能會是什麼樣子；做生意的話，半年後會怎麼樣你可能都說不上來。我以前一個同事開了個串燒店，去年確實賺到了，因為他會一種複雜的醃肉技巧。但今年他的店關門了，一整年賠了幾十萬，他準備等明年景氣好了再開張。

上班和做生意是不同的邏輯。上班族的價值是經過兩次評估的，第一次是市場，第二次是體系，也就是你做的東西首先要符合市場需求，才能賣得出去，賣出去之後，主管再把你評估一次，從市場上收到的錢裡分一部分給你。由於你不占據主導權，可能出力主要是你，但分到的錢卻不多。

上班和做生意還有個「邊際效益」的問題。比如我以前寫的程式碼，公司投放到幾萬臺伺服器上運行，為公司賺錢，那公司會每賣一臺伺服器，就分點錢給我嗎？當然不會。做生意就不一樣了，你的東西只要是符合市場需求的，賣多少你賺多少，一直賣，你就能一直賺。當然，東西賣不出去你就要自己承擔。很多時候賣東西並不需要太高的智力，也沒人管你的學歷，賣的東西高檔可能會賺到錢，賣的東西普通可能也會賺到錢。

上班要達到年薪百萬非常非常難，但你要是弄清楚什麼類型的生意可以做，那年入百萬難度就低很多。幾年前我有個同事去非洲辦事處上班，去了之後，他很快就意識到當地居民雖然很窮，但在某些方面也有很大的需求，比如他們也想玩手機，也想穿花花綠綠的衣服，也想騎自行車等等。於是，我這個同事果斷地從公司辭職，購買二手商品賣到非洲，衣服、手機、淘汰的公共自行車等應有盡有。因為海運非常便宜，運輸成本低，所以儘管這些東西售價便宜，但是總收益高。現在這個同事已經飛黃騰達了，而且業務範圍非常廣，應該是我認識的人裡最有錢的。

總而言之，做生意不靠優秀，在大企業賺年薪和自己做生意完全是兩種不同的評價體系，討論哪個比較好，本來就是上班族的思考方式跳脫不出框架的體現。

PART 2
優化你的大腦思維

成為高手需要走過漫長的無聊和低成就感時期，走不過就一直是二流水準。

06 熬夜加班從來都不是重點

首先要說，加班這個話題多多少少有點片面，因為並不是所有成功人士都享受人生天天加班，但確實也有許多人儘管收入已經很高，依舊天天忙得跟個陀螺似的。而且，這個話題似乎有點多餘，畢竟大部分人沒辦法隨隨便便成功，都是一路打拚過來的，經過淘汰篩選之後，剩下的理所當然很能吃苦。不過我今天不想聊一般原因，而是想聊點很少有人提及的，希望大家看完能有所啟發。

虛妄的安全感

先說一下我經歷過的事。我早年的一個兄弟從某間網際網路大廠「被辭職」了。他跟我說，在「被辭職」之前，他一直以為自己很「安全」，專案按部就班地做，該做什麼做什麼，突然有一天收到消息，說他們的產品線要裁撤，他們這些人全被合併到另一條產品線上，而問題就出在這個「合併」上。合併到另一條產品線的所有員工都要重新安排職位，對於那些基層寫程式的小職員來說，這不是問題，在哪裡做都是做，無非是換個地點。最倒楣的就是我兄弟這種中階幹部。

眾所周知，大廠裡什麼都缺，唯獨不缺幹部，幹部可能比公司的盆栽還多。所以，我兄弟他們那些幹部到另一條產品線就比較尷尬了，既無法讓他們繼續當幹部（畢竟人家又不缺），也無法安排他們去寫程式，畢竟這些做管理的已經多年不寫程式碼了，寫程式水準跟大學生差不多，而且讓他們熬夜修 bug，心理也不太平衡。

不僅如此，管理階層薪水比基層高得多，公司不可能讓他們拿這麼高的薪水去做寫程式的工作。這就讓人為難了，後來公司鄭重討論後，給了他們兩條路：不降職，但是要去海外幫公司開疆拓土，比較艱苦，要離家，要承受巨大的壓力；接受降職，去做基層員工，收入大幅削減，雖然是從基層做起，但將來如果有管理職會優先晉升。

我這個兄弟一把年紀了，既不想去海外，也無法接受再回去寫程式，氣不過就辭職了。辭職之後茫然了一段時間，後來去另一個朋友的新創公司帶團隊，收入少了一些。前陣子跟他吃飯，他說了兩件事。第一件就是我以前告訴他的一個例子，美國那邊很多程式設計師故意不升遷也不要加薪，對於我們趨之若鶩的「管理階層」，他們死也不去，主要是因為一旦公司出了問題，第一批裁撤的就是薪水高但產出不明的中間管理階層。這些中間管理階層由於沒有技術傍身，被公司裁員後往往手足無措。他以前不懂這個道理，現在明白了。

第二件事是他早年有個機會去新創公司，但是覺得新創公司不太安全，隨時可能倒閉，讓人缺乏安全感，不如去大廠穩定。然而事後來看，大廠的工作並不穩定，而是他作為一顆螺絲釘，不知道自己的產品在市場上的狀態，因為無知而充滿安全感。

這也是本篇要講的重點。大部分人可能擁有一種「虛幻的安全感」，覺得自己待在安全港灣裡，公司不會倒閉，職位不會裁撤，市場非常穩定，每天都差不多。

但真實的情況並非如此，至少市場是不斷波動的，公司在市場這個大海裡就跟一艘航行在洶湧波濤上的船一樣。只有站在艦橋的船長能看到全景，並且知道明天可能是什麼天氣。他心裡七上八下，每天都覺得無比凶險，可是手底下的人反倒是充滿安全感。從這個角度來看，站得越高，看得越清楚，就越慌張越痛苦。因為老闆不只要關心業務成績，還要擔心到期的債務，投放的廣告有沒有效果，是不是有強有力的競爭對手出現，剩下的現金還能支撐多久，以及國家政策變化等等。各方面都要考慮到，基本上沒人能安心睡覺。

而恐懼比其他所有動機都更能讓人充滿動力。很多老闆外表看起來非常光鮮，其實絕大部分都像是踩著鋼絲前行，一步出錯，幾十年的累積就付諸流水。而且大部分老闆的錢都是帳面上的，張三欠我兩億，我欠李四一億，於是我有一億資產。如果碰上百年一遇的大疫情，張三倒閉了，那我就從資產一億變成負債一億。好多老闆在二〇二〇年一夜成「負翁」，就是這個原因。那些「富二代」普遍過得非常爽，他們跟基層員工有點像，看不到全景，有種虛妄的安全感，而「富一代」往往兢兢業業，熬夜加班。

所有生意都是一時的

這句話我聽了很多年，一直不太明白，明明那些百年企業也不少，為什麼說生意都是一時的呢？但是看得多了，我慢慢明白了。確實有些企業做了很多很多年，但中間其實歷經許多發展與變革。舉例來說，諾基亞（Nokia）發展到現在已經長達一百五十多年了吧，它過去是造木漿的，後來開始造紙，隨後其產業逐漸涉及橡膠、電纜、化工等，再後來轉向通信，做手機，還有其他副業，副業跟主業之間變來變去。換句話說，每家公司都是一艘「忒修斯之船」[2]，開出港後歷經修修補補，就不再是以前那艘了。

網際網路大廠也一樣，一直變來變去。前陣子跟一個在大廠工作的朋友聊了一下，他說大公司沒有所謂的「聚焦核心業務」，因為不確定核心業務能持續多久。大家都是不斷地開拓新戰線，從各個方向突破，哪個有進展做哪個，每年浪費掉的錢不計其數，收購小公司，開發新產品，並且隨時準備變換跑道，或者腳踏好幾條船。如果每天只關注自己的「核心業務」，遲早會被不知道從哪裡殺出來的競爭對手打個措手不及。

這有點像是「蜂群演算法」（artificial bee colony algorithm）。蜜蜂們不懂數學，但是牠們可以藉由一些簡單方法來實現高難度的行為。比如找到遠處的花，牠們常用的一個方法就是由偵察蜂四處出擊，看哪隻蜜蜂找到資源，蜂群就朝那個方向一擁而上。大廠也一樣，同時進行一百個專案，哪個成功就做哪個。反正未來還會不斷地探索調整，沒什麼是不變的。客戶的口味刁鑽，如果你不變，一旦出現競爭商品，客戶可能瞬間就會拋棄你。正如眾所周知的諾基亞的遭遇。

2 Ship of Theseus（或譯「特修斯之船」），古希臘哲學家提出的經典悖論：假設一艘船上的木頭隨著時日逐漸損毀替換之後，這艘船還是同一艘船嗎？

幾乎所有賺到錢的人都清楚一個道理，「賺錢的本質是資訊差」，一旦你知道的東西別人也知道了，你就別想賺這個錢了。所以大家都是抱持著「一萬年太久，只爭朝夕」的想法。

工作的心態不一樣

成功人士和普通人同樣都是工作，但心態卻完全不一樣，因為兩者的工作性質不一樣。說這個之前，先說個題外話。

現在有個新興的研究領域，好像叫做「非物質成癮性研究」，專門研究什麼機制可以讓遊戲保持熱度，吸引玩家一直玩下去。這個研究領域在遊戲產業界非常火熱，現在已經非常成熟。遊戲宅男們都知道，類似《文明帝國6》（Sid Meier's Civilization VI）這樣的遊戲本來只想玩一局，但轉眼間就完了一個通宵。我過年那段時間因為疫情在家上班，下載了兩個遊戲，《缺氧》（Oxygen Not Included）和《這是我的戰爭》（This War of Mine），結果差點玩到暴斃。尤其《缺氧》，我甚至會拿個本子計算，搞得像是考大學一樣；我同事的部屬甚至因為熬夜玩《缺氧》進醫院。

為什麼這些遊戲這麼厲害呢？道理也不複雜，遊戲開發人員仔細研究了人類行為心理的基本邏輯，做出來的東西專門刺激人體內那些成癮的按鈕。比如人類本身對短期刺激非常敏感，所以無論是遊戲，還是電影，甚至的網文，都要「千字一個小高潮」。也就是說，網文每一千字就得設計個刺激橋段，純粹的平鋪直敘是沒人看的。電影也是，三分鐘一個小高潮。遊戲基本上也遵循這個邏輯，這就是為什麼有「關卡」、「小BOSS」、「大BOSS」之類的元素。

懂了這個邏輯，大家就知道為什麼看電影很爽，看網文很爽，打遊戲很爽，而教科書卻讓人感覺非常無聊。

此類遊戲還有「限時挑戰」、「短期獎勵」、「及時回饋」、「隨機獎勵」等刺激元素。人對「回饋」非常依賴，做了一件事，如果迅速獲得反應，就會觸發大腦的獎勵機制，讓人覺得非常過癮。最明顯的就是這兩年比較熱門的《英雄聯盟》（League of Legends）和《絕地求生》（PUBG: Battlegrounds），放個技能就把對方打敗，實在非常歡樂。這類遊戲往往五百小時起跳，也就是玩家不知不覺就能在遊戲裡泡五百個小時以上。而且遊戲必須稍微有點挑戰性，如果挑戰不足，玩家很快就會感到乏味；如果遊戲太有挑戰性，類似《隻狼》（Sekiro: Shadows Die Twice），玩家又會因為挑戰太大而放棄。

言歸正傳，如果你當上了老闆，手底下有了人，你就有了選擇權和自主性，可以把不願意做的乏味工作「外包」給別人，而專注做有挑戰性的事。因此你的工作性質變了，工作變得像是打電動，刺激而不乏味，尤其獲利豐厚的時候，工作狀態更是好得不得了。這也是為什麼我之前說，創業是條單行道，一旦開始創業，基本上就回不了頭，因為那種緊張刺激、自己做決定自己收錢的快樂成癮性太強，創業者基本上都不可能再回到辦公室，聽從別人指令做事了。

在我看來，有一定的財富卻依舊奮戰不止的人，往往有一種「船長思維」，他處在風口上，能看到風險和機遇，從而去迎接挑戰。沒有人不喜歡挑戰，這深植在人的基因裡。人喜愛玩遊戲，本質上也是體驗「適度挑戰」。有些人覺得自己是鹹魚，大部分是因為不小心參加了難度過高的遊戲，受到打擊，比如我上回玩了《隻狼》後就發誓這輩子再也不玩了。

選擇好難度，選擇適當的挑戰，不斷提升自己，誰都能有好的結果。我經常說，成年人在知道社會的真相後，要早做準備，弄清楚哪些事是在為你的老闆賺錢，哪些事是為你自己賺錢，避免虛妄的安全感，在日常生活中融入變化，不要害怕，放手去做。

07 缺靈感的路上你不孤單

我年輕時經常看到一句話：興趣是最好的老師。這句話對不對？確實是沒什麼錯，但真的有人能以自己的興趣來謀生，靠著興趣過一生嗎？應該有，可惜不會太多。這個世界有個非常惆悵的規律，不管什麼事，一旦你將之當成工作，以此謀生，痛苦、失望、焦慮就會尾隨而至，幾乎毫無例外。

幾年前我認識一個頂級網文作者，在巔峰時期，他每天能更新五六千字，狀態好的話，兩三萬字，存在草稿匣裡，慢慢發。小說一寫就是好幾百萬字，行雲流水，酣暢淋漓。他在作品裡雲淡風輕地說自己寫文主要是出於熱愛，內容也是天馬行空，根本不知道怎麼會有這麼多奇思妙想。不過，他的那幾個熱度極高的小說很快就沒下文了，也就是寫到後來戛然而止，不寫了。到現在還有很多讀者追著罵他，要他把之前的小說寫完。作為眾多追更者之一，我也一直希望他能把小說結局給補上。

機緣巧合下與那個網文作者結識後，我問他為什麼不把那些小說寫完。他說寫作過程太痛苦了，剛開始寫文時，雄心勃勃地想要搞個世紀工程，但是越寫下去越糟，書房裡貼滿了便利貼，記錄著之前設計的各種線索和埋的伏筆，成天看書找靈感。而且越寫，他越覺得自己像個小丑，一開始玩著三個球，越玩球越多，到最後發現自己接不住了。寫完的那幾本小說，也是在大規模殺掉小說中的人物來串聯起各種線索後，才勉強收的尾。或許讀者覺得還過得去，但他自己知道這基本上是違心之作。另外，在剛開始寫文的時候，他的精神狀態很好，寫起來虎虎生風，但越到後期寫得越艱難，每天起床跟上墳似的，有段時間不僅脫髮嚴重，甚至還進了醫院。

我一直以為他寫得很輕鬆，完全沒想到這麼痛苦，不由得感慨人生艱難。其實張藝謀說過類似的話，他說一部電影，拍到三分之一的時候就知道是不是垃圾，但是因為有投資方控管，即便知道最後拍出來的是垃圾，也得拍下去。

網文作者倒是沒這個問題，反正沒人投資，大不了這個IP不賣了。如果發現自己寫不下去，網文即將變成垃圾，就果斷自宮。這樣的作品儘管成了斷臂維納斯，也比維納斯長著兩條章魚觸手強。

這個網文作者現在已經賣掉了好幾個IP，江湖傳言他其中幾個IP賣得太便宜，他跟我說其實不是，那些作品到後來寫成那樣，他想起來就心煩，於是別人出個價他就賣掉了，完全沒有貨比三家，討價還價，有種巴不得把自己的傻兒子送去讀大學的感覺。當然了，儘管有幾本網文沒有寫完，這個網文作者的成績還是非常非常好，甚至在東南亞都有大量讀者，也算是為中華文化輸出做了一些貢獻。

我請教他這些年寫網文的心得，正好他這段時間也在思考這個問題，於是和我分享了一下，我發現跟我想的差不多：

一、再喜歡的事，一旦當成職業來做，立刻就變得艱難。

二、唯一可以對抗這種痛苦的，就是天天例行地主動去堅持。

他跟上班打卡一樣，每天要求自己必須寫、必須發，風雨無阻，偶爾靈感來了寫得快，大部分時候完全是硬著頭皮寫，痛苦不堪。

我這些年也有這個感觸，很多時候，你想把事情準備得差不多了再動手，結果往往是一直準備不好，一直下不了手，最後無處下手導致想做的事不了了之。不知道大家有沒有注意到，焦慮主要來自於想太多。而且，有些事情，就算開始了，做一段時間還好，如果長時間做，做好多年，做幾十年，這個過程便毫無樂趣可言，既無聊又讓人絕望，對人既是一種考驗，也是一種摧殘。

關注我的社群平臺比較久的網友都知道，我這個社群從兩三年前開始，每週兩篇，幾乎風雨無阻，一直到現在。期間有好幾次想放棄，事實上也放棄了好幾次，不過最後還是堅持下來。

這個社群平臺也見證了事物發展的幾個規律：

一、起步極其艱難，第一年我充滿熱情地寫，追蹤人數只漲了四萬，後來追蹤人數才越漲越快。

二、直到幾篇文章爆紅，社群才突飛猛進。

三、大多數時候做日常更新，漫長而無聊，每天的追蹤者增加個兩三千，又減少個幾百。

我在大公司工作的經歷也差不多，每天都是那些事，無聊而瑣碎的日常，經過幾次意外的小跳躍，慢慢爬了上去。了解我的朋友都知道，二〇一五年我還在寫程式碼，後來當上了產品經理，再後來又做了專案經理，接著管理專案組，跟我經營社群平臺的歷程基本上差不多。

我了解了一下其他人的情況，也是大同小異，生活都是一樣的瑣碎和乏味，每隔一段時間來一次小高潮。

這也是為什麼我非常鄙視這幾年的一些電視劇，比如那個價值觀很有問題的《三十而已》，劇中幾乎每個人都「不走尋常路」，都想一步登天，把生活搞得跟玩鬧似的。當然，不只這部劇，很多電影、電視劇都是走相同路線，畢竟這個公式最容易迎合廣大觀眾想不勞而獲和走捷徑一步登天的心態。醫療劇就是帥哥、美女在醫院談戀愛，完全不知道醫學相關的書有多厚，醫生們需要經歷十幾年的漫長學習訓練，部分醫生還業餘練格鬥術。律師劇就是各種制服男女談戀愛，其實大部分律師也得要看大量資料，需要通過那個超麻煩的司法考試，是個傷頭髮又傷腎的職業。商人就不用說了，說好聽點是解決問題，說難聽點就是到處求人調資源。至於軟體工程師，從上大學就開始掉頭髮，一直掉到被公司趕出來。很多人覺得軟體工程師的主要工作是劈里啪啦地寫程式碼，其實不然，大部分時候都在寫文件，回郵件，看程式碼，解決 bug，實際上沒多少時間在寫程式，一個專案週期裡，寫程式碼的時間往往連四分之一都不到，很多技術中堅幾年寫不到一行程式碼也很正常。

我倒不是鼓勵大家加班爆肝，而是想說一件事，生活就是枯燥且乏味的，甚至是那些脫口秀節目的演員，在舞臺下也跟軟體工程師差不多，熬夜改稿，一遍又一遍地反覆演練。對於那些大家聽了哈哈大笑的笑話，他們自己是笑不出來的。我還知道幾個做這一行的後來得了憂鬱症，被迫轉行。

我在社群平臺寫文章分享我的各種經驗，表面上看是分享，其實也是一種總結。經常文章寫完了，回顧了之前發生的那些事後，我也就不那麼糾結了。天資聰穎或者自帶光環的人很多，不過大部分人都跟我一樣，要慢慢耗。好在知道了那些特別厲害的人也一樣艱苦，一樣會沒靈感，一樣得慢慢耗，多多少少讓人覺得不那麼孤獨。

08 「數量」是個殘酷的指標

「百萬成神」是網文圈的一句話，流傳很多年了，意思是你如果想成為網文大神，得先寫一百萬字，寫完了，基本上就沒什麼問題了。我上次看到這句話，應該是二〇〇七年，那時候對這話不以為然，十幾年過去，當初天天更新網文的那幾個人，如今已經成為大神。剩下沒成大神的，基本上都退出了江湖。

寫不出來也得寫

當然，「成名」這個操作是個系統性工程，能不能成名往往是一連串機緣巧合的結果，並不是說你是個高手就能成名，也不是說成名了就是高手。不過無庸置疑的是，所有完成「百萬」這個小目標的人，都明顯脫胎換骨。有些事我依舊說不清楚，不過「數量」確實是絕大部分技能的關鍵指標，比如一般玩家在《絕地求生》裡，玩到三百多個小時就會發現自己有明顯變化，基本上能做到指哪裡打哪裡，而原本看起來困難無比的操作也能在電光石火間完成。如果一個人寫程式碼寫到十萬行左右，也會出現下筆如神的感覺，很多時候自己都不知道怎麼會想出這麼複雜的公式和演算法。

之前有個網文作者，他寫的故事是關於穿越回明朝。明朝的歷史背景倒是很清晰，畢竟不想看《明史》，還可以看《明朝那些事兒》，但是有些問題就比較複雜了，比如那些勾心鬥角的描寫，利益格局的分配，甚至包括怎麼種地之類的。我問過那個作者，他是怎麼想到的。他說他也不知道，反正每天都寫，一邊寫一邊查資料，越寫越順，到後來變得隨心所欲，可以把自己獲得的任何小知識、小技巧都寫到文章裡。

他還說，其實每個人都或多或少有累積，腦子裡也都有些絢麗的構想，但是絕大部分人功力太弱，倒不出來。那該怎麼訓練這種「倒出來」的能力呢？沒什麼辦法，只能天天寫，一直寫，寫不出來也要硬寫。這就是為什麼各個平臺都要設置「每天更新字數」，比如起點中文網，該平臺要求每天更新三千字，乍看可能覺得沒什麼，大家試試看就知道了，百分之九十九的人撐不過第一週。

這是個雙重門檻，一方面可以把意志不堅定的人趕出去，畢竟天天更新三千字對任何人來說都不是容易的事。我問過不少厲害的網文作者，對他們來說也很難，尤其是剛開始的那幾年。另一方面可以逼作者不斷突破自我。高手都必須在沒有靈感的情況下走過漫長的無聊和低成就感時期，走不過就一直是二流水準。

性格並不決定命運

「性格決定命運」這種說法本身就是一種自我設限。性格、財富、知識、見識、社會關係，這幾項變數都是互相影響、互為因果的。舉個明顯的例子，財富上升會讓人的性格變得開朗陽光，社會關係也會變得和諧許多。我之前見過一個自卑又自閉的人，本來是個科技宅男，後來從技術轉到市場，而且不知道怎麼就飛黃騰達了，整個人變得熱情開朗起來。這種熱情開朗又為他帶來了新的財源和關係，讓他變得更加開朗。

人表現出來的各種情緒往往是一種「舒適圈表現」，比如有人在陌生人面前容易手足無措，彷彿有社交恐懼症，但是在熟人面前卻粗枝大葉，他並不是有雙重人格，而是擔心陌生人不接納自己。你越是擔心別人不接納你，就越不會對別人展現自己，別人對你也就越無感，越缺乏回饋；而你由於缺少別人的回饋，就一直處於社交恐懼的狀態。

當然，我並不是建議大家去治療社交恐懼，我自己儘管當了近十年的臨時講師，卻依舊沒有澈底擺脫社交恐懼。我想說的是，性格並非百分之百不可以改變，往往是個人經歷造成的結果，如果換個工作或者行業，時間久了，性格說不定就改變了。

肌肉記憶才是真記憶

一本書看完了，到底記住多少，其實很好檢驗，把看完的內容複述一遍，能複述出多少，就是記住了多少。再過幾天，內容大部分都忘光了，但是其中一小部分會伴隨你一輩子，這部分你在今後的日子裡幾乎能做到信手拈來，而這就是肌肉記憶。同理，學了一種語言，有幾句話一輩子都可以隨時隨地回想起來。程式設計也一樣，有些演算法用得多，可以毫不費力寫出來，稍微不常用的東西就得不斷試錯，反覆調試。

高手和菜鳥的差別就在於高手的肌肉記憶庫裡工具多很多，基本上可以不出錯地快速把工具箱裡的東西拿出來操作。所有的工作都是這樣，一般都有個「工具箱」，高手做的就是多練習，把這個工具箱裡的內容沉澱為肌肉記憶，占領先機後去搶下一個山頭。

把這個概念延伸到「心智」層面，表現其實更明顯。為什麼有人能撐過各種困難，能承受各種艱難？就是因為經常面對這類麻煩，處理這類問題所需要的心態和技能變成了肌肉記憶，不需要刻意喚醒就能自然面對。

別被魯蛇牽著走

在網路上看過一句話：別參加失敗者的派對。我其實一直不明白是什麼意思，直到前段時間有粉絲問我，說他很迷茫，因為他這些年一直在關注幾個厲害的部落格主，那些人都很憤青，天天抨擊各種社會問題，時間久了，他也這麼認為，做什麼都提不起精神，覺得一切都沒意義，年紀逼近三十大關，依舊一事無成。我突然間明白了那句話，包括我自己在內，年輕時都有一股衝動，希望這個世界能倒楣，全世界人一起倒楣，所以很容易關注那類部落格主，加入那類社群。問題是加入這類族群非常不利於身心健康，每天盯著社會的黑暗面，最後社會還是那樣，可是自己卻廢了。

無論如何，不要跟魯蛇一起混，有些格主自己不是魯蛇，卻要賺特定族群的錢，評論區總是聚集了一大堆魯蛇，這類人要敬而遠之。人的心態是很脆弱敏感的，你本來可能對一件事充滿興趣和熱情，但別人說了一兩句喪氣話，你可能就受到影響，就像是才剛高價買了包包，商家就打折促銷，還不退差價。

好像人類生來就悲觀，對壞消息有種獨特的偏好，這也是為什麼那些席捲全網的負面案例，都是「悲觀預期」。我不是說不該去關心這些類事情，而是要穩定情緒，不要被牽著鼻子走。人的所有行為本質上都是在執行心智下的命令，人無法在悲觀預期下全神貫注、火力全開，而問題是，有些事情你全神貫注都不一定能做好，如果三心二意，就更完蛋了。

整體而言，想做好一件複雜的事，積極的態度、良好的身體狀態、深厚的知識儲備缺一不可。在日常生活中就要不斷自我磨練，別讓他人影響。

百分之十五學習法則

年初不知道在哪裡看到一個說法：如果你要學的全是新東西，大腦很容易超載，導致沮喪和失落，最後就會放棄。可是如果學的全是你已經了解的東西，又會覺得乏味。最好的情況是所學之中含有百分之十五的新東西，這樣既可維持挑戰性，避免乏味，又可防止沮喪和失落。

在一個領域知道得越多，學得就越快，因為前期什麼也不懂，學的都是新東西，難免沮喪。後期知識儲存量變大了，新的東西就接近「百分之十五法則」，學起來又快又準。所以教育分為兩部分，前期是填鴨式教育，等到基礎打好了，就進入百分之十五的快樂教育階段。若是別人學得輕鬆，你學得苦，那是因為你們不在同一個學習階段。

其實學霸都是如此，他們能穩穩跨過前期的焦慮階段，進入後期的「百分之十五學習階段」，然後越學越快。我這些年招聘到好幾個高手，我發現他們學習新技能的過程並不快，但是能集中注意力，每天投入一定的時間，反覆琢磨，一段時間後就能進入「百分之十五學習階段」。而一些表現比較差的，看起來也在學，但是每天實際投入的時間太短，一直跨越不了打基礎的階段，也就遲遲不能進入「百分之十五學習階段」。

09 培養年薪百萬的心態

我在某大廠做了十年（現在還在），在工作第六年的時候，底薪、股票、專案獎金、出差補助、週末加班、節假日加班雙倍等加起來，年收入差不多過百萬。這個數目聽起來還不錯，實際上沒多少，生活並不會比年薪三十萬人民幣（臺幣約一百三十三萬）的時候改善太多。三十萬是個分水嶺，過了三十萬之後生活改善的體驗就不再明顯。年收入過了三十萬後會產生一些奇怪的想法，比如賺夠多少錢就退休，而且要趕在做不動之前多賺點，反正就是要累積財富。一旦有了這種想法，一年賺多少錢都不會有太明顯的心態變化。

至於如何實現年薪百萬，我分享以下幾件事，大家思考看看。

單憑技術，年薪很難突破六十萬

當然，也有人憑技術突破，不過比較少，而且付出和收穫不成正比，單憑技術拿百萬，累死你，不是開玩笑的，真的是要命的工作量。

想要達到高收入，主要還是得當主管

當上主管之後，不是你的產能增加了，也不是你一個可以抵三個，而是你能把別人的一部分勞動成果算成你的。不過，想當主管，你就需要得到主管的提拔，所以最重要的是，管理好你跟主管的關係。

你和主管的關係，一般會經歷三個階段。

階段A：主管讓你做的事越來越多。

主管也有一堆煩心事，如果他交給你的事，你都能辦妥，那對他的工作和生活將是莫大的支持。今後若遇到提拔的機會，主管或許會優先考慮你，因為他還指望你去幫他更多的忙，不給你權怎麼幫他忙。

階段B：主管偶爾找你吃個飯，聊個天。

需要注意的是，主管私下找你吃飯，跟你說了一些掏心掏肺的話，你可千萬不要傳出去，一定要管好自己的嘴，主管的事一句都不要亂說。相信我，消息傳得很快，你說的每一句話他都會知道。

階段C：主管遇到難題，找你一起想辦法。

比如他的主管指派他一個工作，他不知道如何著手進行，想要你一起出點子。到了這個階段，你基本上就是主管的自己人了，如果你經常能給出好的想法，那他將來高升必定會帶上你。對於主管來說，最重要的是值得信任且能幫自己搞定事情的人，畢竟他不會親自動手。

經常去主管那裡露臉、找事做，慢慢建立關係，取得主管的信任。很多人從來沒想過主管到底在想什麼，其實主管就是想找能為自己辦事的可靠下屬，想拉攏個小圈子，有什麼事私下解決。領導力是個天賦，有些人天生就是領導者，升遷很快。你跟對了人，他走到哪裡都帶著你，他一直升，你就跟著升。有些人職位高，但能力平平，很可能就是跟著主管升上來的。

主管交給你的任何事，都要全力搞定

最好是質量兼顧地快速搞定主管交給你的工作，速戰速決，不要拖延，同時要主動彙報進度，不要等他問。如果事情一時半刻搞不定，務必天天報告，把自己打造成一個「殺手型」的員工。在職場上，主管一般不會給你三次機會，你最多只能出錯兩次。每件事都辦得讓主管放心，他有什麼事就都願意找你。尤其是他偶爾安排一些看起來很低階的事給你，其實也是他的主管安排給他的，如果你搞砸了，讓他被主管罵，那你需要努力很久才能挽回你在主管心中的地位。

善於彙報工作

這個需要好好研究一下，多向同事學習，同樣一件事，你只是彙報完善了什麼功能，而你同事卻彙報攻克了什麼難題，解決了客戶什麼需求，服務了多少使用者，節省了多少錢等等。聽起來就很厲害，是不是？你得站在別人的角度看待自己的工作，很多時候大家不知道你到底做了什麼，全靠你一張嘴。當然，彙報工作的技巧得要慢慢琢磨，不能急於求成，若給主管留下夸夸其談、不可靠的印象就不好了。這種事存乎於心，得慢慢領悟學習，嘴笨不要緊，最怕的就是不僅嘴笨，還鄙視那些能言善道的人。

保持謙虛，該親和時親和，該嚴格時嚴格

當上小主管後不要高傲，多請下屬吃飯，一對一，說些發自肺腑的話，有點誠意。留意誰做事認真又負責，重要的事讓他辦。當兩年主管後，你在技術上可能慢慢退步了，但也不要硬去鑽研技術，多去跟你的主管聊天，多跟專案組要點好處。此外，不能比下屬輕鬆，平時上班來得比大家早，下班不要提前跑，有什麼急事需要加班也在一旁陪著。要有一顆包容的心，不要瞧不起人，多容忍專案組裡能力差的員工，有些人技術不好，但有搞笑天分，可以留下來調節專案組的氣氛。不過，在工作交付時一定要嚴格檢查，不要被下屬糊弄，一旦下屬覺得你好糊弄，遲早會出事。

技術有餘，心態不足

我這幾年覺得，如果你喜歡，做一輩子技術工程師也沒什麼問題，不過大多數人到了三十多歲心態就變了。注意，我說的是心態。在大廠裡，每四五個人就有一個適合做技術，一般大學生裡可能每五六十人裡就有一個，什麼是適合做技術工程師的人呢？就是不怕麻煩，心無旁鶩，做得很開心，週末都不想回家，只想坐在公司裡看程式碼。這種人適合做技術，其他人得過且過，比如我就是得過且過地做了幾年，整體還不錯，也沒犯錯，可就是缺乏一股衝勁。

大家可能會疑惑哪有做技術做得很開心的人，其實多的是，大廠技術中堅基本上都是如此。人都有自己的優勢技能，總有那麼個技能讓你做起來得心應手。這種做技術就像在玩樂的人最適合做技術工程師，玩出來的東西比別人絞盡腦汁做出來的還要強，基本上不可能落後。不過絕大多數人做幾年技術，後來被新員工超越，心理就崩潰了。

不少年輕人，人生歷練少，還不了解最影響人做技術的因素根本不是技術本身。舉一個讓我痛心疾首的經歷，我十年前剛入職，只上了兩個月班，公司竟然就發獎金，給了我七千塊人民幣（臺幣約三萬），我非常高興，後來一打聽，跟我關係最好的朋友，我們一起入職，在同一個專案，他拿了三萬人民幣（臺幣約十三萬），那件事讓我陰沉了好幾週，那種鬱悶現在想起來都難受。不過三年後，主管大筆一揮，給了我十萬股票，但是只給了我朋友一萬股票。過沒幾天他就辭職了，臨走前還跟我說，其他人他都能忍，就是不能忍受自己的朋友比自己多這麼多。他知道這麼想不對，但就是沒辦法接受。這種事後來發生了好幾次，有時候是我受到打擊，有時候是我打擊別人，我皮粗肉厚，基本上都忍了，但不少人忍不了，就走了。

很多人每兩年換一次工作，一方面跳槽漲薪水，另一方面總覺得自己不該是這個待遇。工作換多了，薪水看起來是增加了，但是其他資源都沒了，短期內薪水比較重要，長期就得依賴關係，各級主管都不熟悉你，推薦名單裡看到你的名字都沒感覺，機會就直接跳到下一個人身上了。

如果想在公司裡迅速攀升，一般要具備以下幾個條件：

A、你的專業能力超強，足以輾壓其他人。大廠裡確實有這類高手，他們如果願意做主管，早就升上去了，但很多人不願意做，嫌麻煩。

B、你跟對了人，他升遷快，走到哪裡都帶著你。這個靠運氣，有些人其實很會鑽營，但是運氣不好，碰到的主管自己都升不上去或者離職了。

C、業務迅速擴張，幾個人的小部門迅速壯大成一個事業部，早期員工都成了獨當一面的幹部。

此外，還有個慢慢往上升的辦法：專案組裡的中堅分子覺得待遇不公跑掉了，輪到你了。其實很多人升職都是這個原因，並不是因為他有多強，而是大家都走了，剩下最了解業務的就是他了。不少人納悶能不能做一輩子技術工程師，其實在這條路上，最艱難的不是技術本身，而是「待遇不公」，這種事經常會發生在你身上，你能忍嗎？那個比你技術差得多的人混得比你好，你能接受嗎？

換句話說，收入往往不是跟整體社會比，而是跟你周圍的人比，這個最傷人，有可能你收入已經非常高了，但你同學或者跟你條件差不多的人收入更高，你可能就會覺得非常抑鬱。

人與人之間的「硬差別」

體能問題其實最關鍵，我之前跟過的幾個主管基本上都是全年無休，並不是他們賺得多才全年無休，而是賺得少的時候就是如此，所以才能早早受到提拔。

我剛入職的時候，部門裡有個高手，他彷彿不需要睡覺，每天一點多才回家，第二天又是最早到公司，非常瘦。他高升之後跟我們一起吃飯，有人問他是怎麼堅持下去的，他說他根本不覺得疲勞。人和人的體能屬於「硬差別」，平時真的要多鍛鍊。

人的一生看起來很漫長，其實能衝鋒陷陣的日子就那麼幾年，而且人的努力是會逐步貶值的，越往後越不值錢。大家想想，是不是中學時期的努力對現在影響最大？剛畢業那幾年對後來職涯的影響又最大？社會新鮮人往往沒什麼錢，如果你秉持不給錢不加班的原則，也不能說你不對，可能你的志向就是享受生活吧，但如果你沒有過人的天賦還不努力，想向上突破就得開外掛了。

軟體工程師做不下去該去哪裡

十年間周圍的人換了又換，這兩年經常思考這個問題。一部分人跟我一樣，進入公司的管理階層，然後天天擔心被開除。一部分繼續待在技術職位，不過相對比較少，原因前面已經說過了，不是薪水的問題，而是心態的問題。還有不少人離開大廠後，就不想繼續在大廠做了，嫌累，而且覺得這種生活無法持續下去，不如早做打算，於是不少人買房後去了國營企業，薪水雖然比不上大廠，但是工作量一下子暴跌，整個人輕鬆了，養好身體後還可以經營副業。

我聽前輩說，人到了三四十歲，可能會因為一場病，改變人生觀。比如，有些人覺得既然隨時會死掉，不如今後少賺錢，多跟家人在一起；少數人覺得既然遲早會死，就得在死前多賺點錢；還有不少人遵照醫囑，不熬夜、不過勞，找個輕鬆的地方定居。

我的一個朋友以前特別拚，技術非常強，卻非常胖，一身小毛病。有一天他突然辭職去吃公家飯了，收入跌了百分之七十。他說他唯一後悔的事就是在大廠待了那麼多年，應該早幾年離開，這樣就不用經常熬夜，搞垮身體。大家平時喜歡關注那些大廠，其實還有無數的小廠也需要軟體工程師，雖然薪水低了點，但不用你那麼拚命。

很多事情你現在可能覺得匪夷所思，但是五年、十年後就會發現自己竟然也走到了那一步。婚姻、孩子、身體狀況、老人家的健康……林林總總都會改變人的觀念，慢慢地輕重緩急和優先順序就都改變了。

PART 3

縮短起點與頂峰的距離

網際網路的資源幾乎無限，如果你在網路上只消費自己的時間和精力，卻沒從中賺到什麼的話，你就是道具。

10 你的困局是自己編織出來的

不知道大家有沒有聽過「小鎮做題家」這個詞？一般指的是那些出身小鄉鎮，擅長考試，進而躋身知名大學的人。可是自此之後，不少人發現人生的走向越來越不在自己的掌控之中，對生活越來越失望，於是聚集在社群平臺上互相慰藉。這個詞後來也用來描述那些當初大學入學考試分數很高，卻越混越矬的人。

不過，用「高分低能」來解釋「小鎮做題家」也太過簡化，就我個人認為，能力是流動的，太多人三十多歲也一文不名，後來一夕之間就變厲害了；也有人畢業前幾年遠遠超越同屆學生，往後卻越混越差。我這些年目睹了太多身居高位的庸才，能力和水準都非常差，既不高分，也不高能，但依舊混得很好。還有不少人性格內向，照理說這是性格弱點，可是在現實世界裡這類人中的牛人也挺多，且不說科技產業裡內向型的人才天生有優勢，我還見過幾個頂級銷售和私募基金經理也是內向型的，所以不能一概而論。究竟對人的境況影響最大的因素是什麼？

環境的挑戰性決定你的能力

我在玩《文明帝國》的時候就有個感觸，出身決定了後續很多的發展方向和風格，回顧歷史也是如此，資源稟賦、交通情況、糧食產能等，這些因素直接決定社會未來的發展。

以城市發展來說，港口城市，比如上海，沉寂千年後趕上國際貿易興起，就直接上位了；香港處在廣州港的外延，天生差不到哪裡去；處在紅海和地中海之間的蘇伊士地峽，修建運河之前就已經很繁忙了。哪怕很多城市地處沙漠，但因為正好位於交通要道上，依然能發展得很不錯，遠遠超前其他城市。

人也一樣，家庭出身影響後續發展就不用說了，事實上，每個人一生中有好幾次重新選擇起點的機會。差不多背景的人，處在不同的位置，就有完全不同的結果。我說的不是富二代，前途一片光明的人，而是對一般人而言，處在小城市和大城市的結果可能完全不一樣；在相同的城市裡，去私人企業和去當公務員的結果也完全不一樣。「位置」對人的影響超乎想像，不僅影響人的前途，也影響人的想法和觀念，甚至生活態度也隨之改變。我們經常說的「富人思維」、「窮人思維」，就是因為處在不同的位置，而產生不同的思維。

假設把人分成以下四種——

S：頂級高手；A：正常高手；B：普通人；C：腦子不正常的人。

S級只要環境相對公平，就會成為牛人，這類人基本上做什麼都能表現得比正常人好。但是絕大多數人屬於A或者B，而A和B是可以互相轉換的。因為這兩種人的差距並不大，一個正常人，被安排到一個高挑戰、高壓力的環境中，不斷被指派舒適圈以外的工作，持續幾個月或許還不明顯，但持續幾年後，若能撐下來，那這個人就會強悍到讓人難以想像。還有些人才智平庸，卻考上一流大學，也是因為他在高中求學階段找對了辦法，拚了一把，潛力爆發，由B變成了A。

相反的，如果一個人本來天資聰慧，名校畢業，前途無量，可畢業後被安排去天天填表格、打掃環境，如果他自己不求改變，那麼幾年下來也只會是個「填表達人」。再舉個例子，如果一個人大學英語檢定最高級，畢業後卻再也沒機會用英語，不要懷疑，十幾年後他的英語水準肯定和高中生差不多。而一個連中文都說不流利的人，跑到國外十幾年，除非他一直躲在唐人街不外出，否則他的英語水準肯定完爆當初英檢最高級的高手。所以，相比大學，環境對人的塑造更長久，更關鍵。

環境會改變人的思維，而思維會進一步改變個人的境遇，從而再度改變人的思維。我有個前同事，名校畢業後回到老家，進入當地知名的通訊企業工作。當時這個選擇還算不錯，畢竟從此有正職了。不過接下來幾年，他就跟陷入噩夢似的，公司利潤不斷下滑，部門裡的人為了一丁點利益搶得死去活來，一個小部門才五個人還分成三派，三年間薪水不但沒漲，反倒降了，最後他忍無可忍，在三十歲時決定北漂。用他自己的話說，反正生活不可能更糟糕了，為什麼不冒一次險呢？

相較而言，超一線城市的天花板直逼天際，公司裡的人根本沒空內鬥，每個人都活在極度焦慮中，就像每年都要大考一樣不斷往外榨出自己的潛力。但是這些地方又是一個接一個的圈，「環境」對人的影響更明顯，你自己單打獨鬥也有上限，所以你需要依賴別人提拔你，為你賦能，或者搭別人的便車。事實上，一般所說的「環境」，就是指周圍各種人對你的影響。

在一個招募平臺上，我看到不少人抱怨自己的主管沒頭腦，不知道是怎麼混到百萬年薪的。這種情況不排除是這個員工沒見識到自己主管的真正能力，不過也可能是他的主管確實沒有才能，只是入職早，或是正好碰上公司爆發成長的時期，專案組變成部門，部門升級成產品線，當初那個專案組的人全部成了產品線中堅，所以他就乘勢上位了。這類主管往往地位無比穩固，就算能力平平，只要不犯錯，當初的老主管都會護著他們，因為那些老主管也需要多年追隨自己的支持者。

基本上，越在下層越是自由競爭，講的是規則；越往上走，越是熟人社會。即使是玩個遊戲，頂級段位的人也彼此認識，因為段位越高人越少，越容易形成熟人社會。「馬太效應」（Matthew effect）也是這個道理，你能力越強，幫你的人能力也越強，到最後你的整體實力就會呈指數倍增。而如果你不幸加入了一個不斷收縮下沉的部門，或者下沉的圈子，整體而言，你最理想的結局也不會太好。

別讓舒適圈封鎖了你的機會

其實每個人都在不同的圈層中，入學考試可以幫你突破第一層，但是接下來的每一層卻要藉由「圈」來突破。

就如同下圖所示，每個人既在圈裡，又在層裡，有的圈是

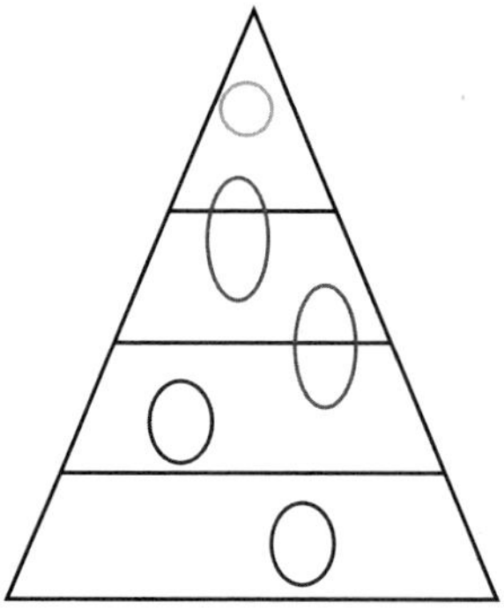

跨層的，有的圈上限很低。個人奮鬥往往在這些圈層裡才有意義，或者說這些圈層能放大你的努力。

很多「小鎮做題家」其實就是藉由大學入學考試突破了第一層，接下來該怎麼辦就不知道了，沒進入「破層圈」，上限就決定了；如果不調整，一輩子也就看到盡頭了。更重要的是，許多人明明知道自己的舒適圈上升空間不大，想破層首先得思考如何破圈，但是因為舒適圈的問題，一直不敢去做。我自己作為一個資深「做題家」，很懂那種感覺，總是想藉由「做題」這種熟悉的操作方式解決所有問題。但是，如果不懂「破層先破圈」，那最後也只是白費力氣。

美劇《絕命毒師》（Breaking Bad）裡，老白照理說可以賺五百萬光榮退休，從此安享晚年。但是他不甘心，因為他年輕時退出一家科技公司，而那間公司如今市值幾十億，讓他恨得牙癢癢，所以他想把製毒販毒的事業做大，最後的結果就是遭到反噬，家破人亡。所以說「小鎮做題家」的痛苦，其實主要在於他們曾經也是滿懷衝勁的人，只是後來因緣際會進入一個靜態通道，無法向上爬，便陷入無助和痛苦。

不過，大學入學考試跟踏入職場後的遊戲機制不太一樣。入學考更加單純，你只要湊齊那麼幾個裝備，就可以打倒一個大BOSS，拿到獎品。踏入職場後，遊戲規則變得越來越古怪，甚至沒有明確的關卡和BOSS，你不可能像高中一樣，單單憑藉「學習」取得最後的勝利。你需要進入市場上相對上升的行業；擁有賞識你的主管，且主管自己挺有能力，這樣他升上去後才能把你也帶上去；同時還要擁有不錯的運氣，而你的能力還得很強，有足夠的底子。你把這些湊齊了，才能每隔一段時間闖一次關。如果湊不齊，甚至連闖關的機會都沒有。不少人的痛苦就在這裡，畢業後闖關的標準變得飄忽不定，幾年過去了，當初遠遠不如自己的人已經混得有聲有色，而自己還在原地踏步。

總而言之，那些能往上爬的人，基本上有幾個特點：

一、有意或無意加入了一個厲害的圈，然後藉由這個圈進入下一個層。

二、所在行業形勢暴漲，且行業裡的一部分人跟著升上去了。

三、運氣特別好。

此外還有一種可能，就是有特殊天賦。所謂的特殊天賦，不是指物理或數學成績好，而是比較多元化，包括當主播、講笑話的才能。事實上，我覺得近年來藉由上班或者創業飛黃騰達的過程非常緩慢，經年累月才能成為富人或者牛人，而那些具備表演特長的人可能在一兩年內就超過了身邊大多數人。

這並非時代的悲哀，而是成熟社會的特點，成熟社會裡娛樂性質的職業成長得非常快，只是想成功的人多，真正能成功的人少。現在很多年輕人的夢想不是當科學家，而是當明星，因為這是成名最快的方式。

也有一些人，雖然天賦一般，但是對某件事充滿獨特的熱愛，如果有機會，這種人也能向上突破。熱不熱愛一件事非常容易判斷，就看你能不能在不賺錢的情況下也全身心地投入，如果可以，那就是熱愛。如果你喜歡的事物正好能在市場上找到買家，你也很容易飛黃騰達。比如，你熱愛下象棋，這類熱愛找不到觀眾和買家，你就很難致富，因為用戶群太小。但是，如果你打遊戲別人愛看，你或許就可以成為月入百萬的遊戲實況主。

從這個角度來看，所謂「高分低能」並不存在，只是有人前期不錯，後來不小心進入不適合自己的跑道或者下行跑道，導致自己「停滯不前」。也可能跑道沒問題，卻恰好碰上差勁的主管，他無法升遷，你也沒辦法升遷，只能一起「停滯不前」。

其實，每個人都是自己一步步走入自己編織的困局，想要走出來就需要自己想辦法。面對不利的處境，只要反思就能明白，當初其實有過機會，只是自己被恐懼控制，選擇留在舒適圈，以致後來可選擇的路越來越少。想明白這些雖然不會讓現狀立刻好轉，但可以避免今後的路越走越窄。

「小鎮做題家」的腦子基本上不差，但是普遍偏保守，渴望穩定，喜歡確定性，這種想法本身沒有錯，只是如果你的追求是安逸，那你就要接受平庸的結果。

11 你還在抱怨資源不足嗎？

網上有個很受關注的問題：人家幾代人的努力，憑什麼輸給你的十年寒窗苦讀？這個問題我也想了很多年，有一些體悟，正好跟大家分享。

無意義的舉動可能意義非凡

小錢靠勤，大錢靠運。幾年前聽過一個大廠高階主管的內部分享講座，他說，如果現在要他應徵這家公司，他連履歷篩選都過不了，而今看著手底下一群名校生為他工作，總是很感慨。而且以他的能力和見識，就算被錄取了，恐怕也是個普通白領。所幸他加入公司的時間早，跟著老闆工作，從最開始背著投影機四處奔走賣產品，到後來參加幾個國際超大的專案，這樣一路走了過來。

他又說起當初為什麼會來這間只有幾個人的小公司，主要是沒地方去，他的第一選擇是去政府機構當公務員，第二選擇是去國營企業當職員。最後實在是沒辦法，才加入一家小公司。在他們那個年代，加入一家私人企業就等於處在「鄙視鏈」的最底端。後來公司幾次瀕臨倒閉，他本來想離職，但是又沒地方去，當時和現在不一樣，沒辦法到處跳槽，他只好一直留在公司，結果現在做到了公司高層。

類似的例子不少，一路走來的過程充滿隨機性。有個大老闆，早年夫妻倆失業後去菜市場賣菜，偶然聽說賣菜還可以兼賣二手收音機，於是跟別人一起從日本買來了一些二手收音機放在菜攤上賣，認識中間人之後又開始賣電視機，賣電視機發了財之後，又開始賣汽車，就這麼一步步做大。

常有網友問我，說他畢業了可以去大公司，但他看上了一家小公司，覺得這家公司的創始人非常厲害，公司做的領域比較新，是不是可以賭一下運氣。這個問題我回答不了。我自己當初就是選擇了大公司的穩定性，放棄了小公司的隨機性，如今那家小公司已經上市了，初期那幾個人現在都成了公司元老，而我則錯過了功成名就的機會。

不過，如果讓我再選一次，我恐怕還是會選大公司，因為無論如何，大公司代表著機遇和穩定的一種協調，小公司風險相對太大，幾乎不可控制。我本人也帶有嚴重的

「穩定傾向」，對冒險總是有所抵觸，不到萬不得已不會輕易做太冒險的舉動。

所以，我這些年有些感觸：

一、如果你沒讀過書，基本上就只能抓住一些低端的機會，比如賣菜、修車、開餐廳之類的。如果你讀了資訊相關科系，或許就能獲得稍微高端點的機會，比如開家小軟體公司或新媒體公司。如果你水準更高一點，就可以做些更高端的事業，比如在巨頭科技公司工作過的技術中堅，離開公司後另立門戶，創立科技公司，英特爾（Intel）就屬於這種。

二、成功是一連串選擇的集合體，得在幾個關鍵節點上都做出對的選擇，而不是做對其中一個選擇，只做對一件事意義不大，這也就意味著成功的機率普遍偏低。

三、未來整體呈現出一種強烈的不確定性，能不能成功這種事，誰也說不準，所以，既不要輕易自怨自艾，也沒必要提前覺得自己有多厲害，很多事當下看起來沒什麼意義，過幾年回過頭看，可能會發現意義非凡，甚至有著決定性的作用。

平順的道路就是好的道路？

事實上，寒窗十年只是個下限。也就是說，你考上了大學，甚至考上了一流大學、世界名校，都只代表你可以玩一些遊戲了，至於能不能玩好，能不能向上突破，以及遊戲本身是不是有前途，都沒人能告訴你，更不會獲得什麼承諾。進入職場後，能不能取得成就，跟許多因素有關，比如會不會說話，責任心強不強，積不積極，有沒有可靠的主管等等。

責任心比較關鍵。責任心大部分是天生的，有些人做事就是負責任，主管交代的事肯定會辦妥，即便沒辦好也會有個合理的說法。主管都必須背負KPI（關鍵績效指標），他們最希望看到的，就是交代下去的事情，自己什麼都不用管就辦妥了。能做到這一點的人，主管就願意帶著。

積極也很重要。這些年我接觸過很多人，發現大多數人並不積極，也不想改變現狀，更不想積極尋求解決問題的方式，尤其不想解決那些跟自己關係不大的問題。求學時期，大部分人應對事情都比較被動，老師說要做什麼就做什麼，往往應對得還不錯，成績也很好。到了職場上，這種態度就行不通了，工作可能會搞得一塌糊塗。其實將心比心，如果你是主管，背負著KPI，而手底下的人超額完成了分配下去的工作，你有什麼感受？這種情況一再發生，你是不是會很信任這個人？等你升遷的時候是不是想帶著他？創業也差不多，能創業成功的人，肯定是積極主動的人，肯定是人緣不差的人，也肯定是可靠的、有領導能力的人。

這些素質，就叫做「心勁」，大部分人在畢業三年內心勁就消耗得差不多了，能維持十幾年的，基本上沒有混得差的，除非運氣太差，或者能力太差，心勁都用到不合適的地方去了，那也沒辦法。

我覺得在工作中提出自己的訴求無可厚非，但如果工作態度是「占老闆和公司的便宜」，最後會把自己玩得很慘。這是個「相互成全」的世界，你替主管解決問題，幫他賺了錢，他才會把你提拔到更高的位置上，等到他被提拔了，他也會繼續把你帶著，好讓你去幫他的忙，於是你的位置也跟著上升。相互利用的關係也是關係，人很少會背叛利益。

說實在的，我自己一邊在大公司「搬磚」，一邊抽空寫文章，對「上班」和「創業」都有一些體悟，創業比上班要難得多，也艱苦得多，但是稍微做出一些成績，收益就比上班多得多。

那些非常厲害的人，又是名校畢業，又有大公司背景，在收入上卻可能比不過自己做生意、出身不高的小老闆，這不是出於能力差距，而是跑道的差距，你在黃土路上很難賺到高速公路上的收益。當然，一般也不會面臨車毀人亡的危險。

不知道大家有沒有發現，從國中開始，班上的學霸很少有混得差的，畢竟智力和行動力有目共睹，但也少有混得特別好的。原因其實不複雜——他們發展的路線太過筆直，社會中比較優的選項往往都給了他們，那些都是成熟道路，走著平順，但是缺乏「碰運氣」的成分，使得他們太過依賴平臺，而且越來越離不開平臺。真正發了大財的，反而是當初那些條件沒那麼好，選不了「成熟道路」而去碰運氣的人。

還有許多人好不容易考上了名校，但是畢業後發現自己依舊過得很苦，懷疑自己是不是「真正的倒楣一代」。其實不是你這個世代特別倒楣，其中總會有一些人脫穎而出，只是不是你。也許你恰好運氣不夠好，或者你是個消極的人，或者你是個不踏實的人，各種因素相互作用，最終導致你個人發展受限。

整體而言，「上大學」可以理解為最廉價的上升階梯，從一樓把你送到三樓，讀了博士可以理解成送到了三樓半，但是到了三樓你能不能爬上去，就看你自己的造化了。所謂的「看你自己」，有很多種意思，比如，你有個厲害的爹，能把你從三樓拎到五樓；或者你能力特別強，做起事來一個抵五個，在私人企業裡這樣的人通常會受到提拔；或者你能力雖不是特別強，但主管就是信任你，你說不定也能被提拔，諸如此類。

儘管如此，其中依然有個鐵則在運作，即二八定律——不管什麼環境，都是百分之二十的人占據百分之八十的份額，那百分之二十的人裡，又有百分之二十占據百分之八十。我的意思不是脫穎而出的人很少，而是「肯定有人會脫穎而出，只是比較少」。

搶跑道不如換跑道

挺過了漫長的學校生涯，迎來的卻不是終點，而是一個新的起點。單憑讀幾年書就想超過別人幾代人的努力，顯然是不可能的。站在這個起跑點上，人生其實是進入了一個新的跑道，在這條跑道上，你站在起點，而擁有幾代人努力的人早已出發，你想超越他們，確實有點不切實際。

畢業踏入社會所面對的江湖，可以理解為無規則競技場。學校考場不讓你帶手機，不准你作弊，因為那樣不公平，但是來到社會這個競技場，你面對的是無規則競技，你可以找朋友，可以上網查資料，可以動用家庭關係，可以調動一切你能調動的資源，來贏得這場競技。如果在你這條跑道上什麼都沒有，或許就只能等著被KO。

這聽起來很殘酷，畢竟得跟擁有好幾代資源的人一起競爭，實在讓人絕望。但也可能，你哪天突然「開悟」，跳出了這條跑道，就跟從自行車道跳上賽車道一樣，衝出去，把擁有好幾代資源的人甩在身後。這確實有可能，而且每天都在發生。

到了三十多歲，大學同學之間的距離就會迅速拉大，但不是說有人當上主管，更可能是他變換跑道，從黃土路跑到高速公路上去了。如果在同一家公司，你想拿到你同事十倍的薪水難得要死，但是如果你變換跑道，可能輕輕鬆鬆就做到了。

回到文章開始的那個問題：人家幾代人的努力，憑什麼輸給你的十年寒窗苦讀？人家幾代人的努力當然不會輸給你的十年寒窗苦讀，但是，如果你藉由十年寒窗苦讀，把自己送到稍微高一些的起點，你的頭腦已經武裝過了，而且有搞定超複雜問題的決心和方法，在畢業後依然保持主動積極，踏踏實實地做事，再加上有運氣加持，你的前途無可限量。

這也就銜接到另一個話題，經常有人問：房價那麼高，我現在薪水這麼低，怎麼辦？其實我也不知道該怎麼辦，不過剛畢業的人容易犯一個錯，就是把人生當成線性發展的過程，以為現在這個狀態延續下去，就是十年後的自己。如果是這種狀態，確實既買不起房，也無法超越別人。

不過真實世界不是這樣運作的，以十年為期，中間會有大量的變數，有的會帶來負面影響，有的會帶來正面影響，最後生活曲線會變成一個不確定的形狀，反正不是直線。整體而言，積極樂觀、能力強的人翻身機會更多一些，至於怎麼翻身，誰也說不準，每個人都不太一樣，我能做的，就是告訴大家這種發展規律。

發展不是線性的，如果大家速度都差不多，你三輩子都趕不上別人幾代人的累積。但是，如果中間發生突變、換跑道等情況，你可能在幾年內就能澈底超過別人幾代人的累積，而那些人向來有個問題，就是船大調頭難。

那到底可以做哪些努力改變現狀呢？每個人的情況不一樣，要做的也不一樣。就我個人而言，只要是能操作的內容平臺，我都會去試試，萬一能成功呢？事實上我現在經營的這個社群平臺，也是在一個無聊的中午突發奇想做起來的，如今它的發展已遠遠超過我當初的預期。

人總是想避免讓自己痛苦，所以盡量不去嘗試那些成功機率低的事。多年以後回過頭看，你會發現自己錯過了很多，許多事當初只要積極一些，認真一些，再試一次，結果可能就完全不同。我習慣把各種想法記錄下來，這段時間翻了一下以前寫的東西，發現之前有過很多想法，想去做某件事，但卻被焦慮給勸退了。現在想想，如果當初去嘗試那些成本非常低的事情，我應該會比現在強太很多。

寒窗苦讀可以理解為「武裝頭腦」，可是只擁有「武裝頭腦」沒辦法超過別人幾代人的資源。所以不如用這個頭腦去打硬仗，去嘗試不同跑道上的玩法，機會還是很多的，奇蹟時時刻刻都在發生。網際網路的本質是「低成本獲取資源池」，同時還是個「低成本分發池」，有太多人天天在網際網路上學習，但是很少有人向這個池子輸出。你不輸出你賣什麼呢？賣不出去賺什麼呢？大家好好思考看看，我當初就是被這句話驚醒的。

網際網路也是人類第一個實現「各盡所能，各取所需」的地方，資源幾乎無限，有人利用這種廉價資源翻身，有人澈底沉迷其中，變成別人的道具。是的，你在網際網路上只消費自己的時間和精力，卻沒從中賺到什麼的話，你就是道具。

總之，多思考，看到平臺就想想自己能輸出什麼，看到厲害的人就想想自己有沒有他的本事，如果沒有，是不是可以做個低配版本的？日積月累下去，說不定你就能成功變換跑道。

PART 4

勇於競爭才能不斷進化

大部分成功的團隊都是在搏殺中前進，將經歷轉化成經驗，經驗再變成策略和心智。反覆疊代，普通人也能爆炸式成長。

12 市場與獲利是進步的動力

二〇二〇年的經濟形勢雖然整體比較嚴峻，但我的社群平臺營運得相對順利，所在公司業務也不錯，儘管有點艱苦，不過結果還過得去。我在社群上發布了一個題為「你的二〇二〇過得怎樣」的調查，有近一．四萬用戶參與互動，結果顯示：「非常不怎樣」的有四〇三六人；「一般般，和往年沒差別」的有四一一〇人；「還不錯，有進步」的有五〇六七人；「非常爽，最好的一年」的有四八九人。你是處在哪個位置呢？

先來說說我對未來的看法。

擴大國內市場是必然的趨勢

其實每個大國的崛起過程，幾乎都可以分成兩個階段：資本累積與內部整合階段。

資本累積，好理解又不太好理解，就像是一個人存錢經營個小飯館，小飯館慢慢經營壯大，發展成吃飯、洗浴一條龍的大酒店。

資本累積其實就是一個「存錢、投資、再存錢、再投資」的過程，中國整體經歷這個過程的時間比較短，實質上的資本累積也只有幾十年。但是已開發國家基本上沒有這麼短的，諸如英國那種老牌資本主義國家花了幾百年才完成第一階段，美國完成第一階段也經歷了上百年。

不過整體趨勢是後發展的國家更快，因為科技賦能，用挖土機鏟土肯定比鐵鍬快。

西方，包括日本，在資本累積階段幾乎都有一部分錢是從海外強搶的，沒有例外。英國就不說了，到處有殖民地。一般認為美國沒有殖民地，但其實這個說法不太對，因為美國把搶到的地方變成了國土。

有了殖民地，一方面可以掠奪資源，另一方面可以把本國生產的東西高價賣給殖民地。從這個角度來看，「殖民貿易」也是一種「出口導向」。也就是說，已開發國家幾乎都是透過出口來累積初期資本，然後運用這些資本大力發展科技，比如英國主要發展了蒸汽機、戰艦、火車等，美國主要發展了電力和煉鋼，日本則專心做紡織。

然而，單純搶錢不是長久之計，最明顯的是英美兩國，資本家賺到了，可一般民眾卻普遍陷入貧窮，導致衝突頻仍。後來歐洲透過內部整合，部分國家走上社會主義道路，避開了無休止的暴力革命。跟歐洲相比，美國的「社會主義者」桑德斯（Bernard Sanders）只能算是中間路線。

英國透過大規模向基層讓權，吸收平民進入議會和政府，致力於改善工人階級境況，規定了最低薪資，禁止雇用童工，工人因公死亡要給撫卹，工人老了要給退休金，還要強制把小孩送去讀書，這是英國的脫貧政策。如此一來穩定了社會情勢，英國一度過得還不錯，要不是美國和蘇聯崛起，英國又被美國從背後捅一刀，殖民地也跑光，英國很可能可以繼續這樣好下去。

美國也一樣，面對洶湧澎湃的抗議浪潮，資本家被迫讓利，為工人調漲薪水，實行八小時工作制。在羅斯福（Franklin Roosevelt）上臺後，國家帶頭縮短貧富差距，大規模拆分壟斷巨頭，貧富差距在一九二九年達到最高峰，然後逐漸緩解，直到二〇〇八年金融危機才又重新回到歷史高峰。達利歐[3]在發表的文章裡也指出，美國現在的分裂程度和社會矛盾達到了一九三〇年以來的最高峰。

3 Ray Dalio，全球頭號對沖基金（Hedge Fund，或稱避險基金）橋水公司（Bridgewater Associates）創辦人。

縮短貧富差距一直不被經濟學家看好，專家認為此舉違背市場原則，影響效率，不過實際上，大國發展到一定程度都得考慮縮短貧富差距，幫助基層脫困，不然注定走不遠。兼顧公平與效率是必然的趨勢，這兩年風向已經轉變，「公平」的口號喊得越來越響。

回到美國。縮短貧富差距最大的好處就是能製造出一個巨大的國內市場，民眾手裡有錢才會消費，買洗衣機、旅遊，美國那些厲害的發明才能普及，只有普及才能分攤成本，才會進一步降低價格，企業才能大賺錢，有了資本，就可以投資繼續研發新科技。

有一點值得注意，超級企業肯定是在生產大家都用得起的東西，如果只生產富人用的東西，一般只是名聲大，規模大不了，而且也不太賺錢，畢竟廣告費就能壓死他們。這些奢侈品企業得不斷向普通人放送洗腦廣告，讓他們羨慕富人拎的包包，這樣富人才會買，買了才有優越感。

此外，美國初期也積極地進行基礎建設。發展一段時間後，慢慢形成了巨大的國內市場，美國是世界上第一個實現內外雙循環的國家。

由上述可知，已開發國家的經濟發展都有兩步，第一步是拓展海外貿易，第二步就是擴大國內市場；這就是所謂的「雙循環」。

國家發展進化的三個陷阱

從開發中國家向已開發國家邁進的過程中有三個陷阱。

第一個陷阱是「低等收入陷阱」。這很好理解，就是開局時處在一個坑裡，要錢沒錢，要資源沒資源，死也爬出不來，這是大部分人和國家的寫照。

在這種情況下，就得別人拉一把，比如借你點錢，讓你去開個小店面，或者讓你去血汗工廠，儘管賺得少，但是多多少少可以存點錢；存點錢就可以開小店面，從小店面升級到小飯館，然後到大飯店、大酒店，最後升級成帶有銀行功能的私人俱樂部。

國家和人一樣，有的缺乏才能，有的缺啟動資金，有的兩者都缺——但是只要缺其中一樣，未來發展很可能就會大受限制。

第二個陷阱是「中等收入陷阱」。國家發展到一定程度，國內的人力資本就會上漲，且不再隨便汙染環境，很多企業就得尋求新址搬家。現在很多外資企業出走，但其實在過去半個世紀裡，這些企業一直搬來搬去，哪裡的勞動力便宜就去哪裡。

環境汙染則符合一個叫做「顧志耐曲線」（Kuznets Curve）的走勢，也就是在一般情況下，某個國家剛開始發展時，環境會急劇變差；進一步發展後，環境又會逐漸好轉。

英國以前幾乎砍掉了整個國家的樹，瘋狂發展蒸汽機，每座城市都覆蓋著一層煤灰，倫敦更是長年被煙霧籠罩，因而被稱為「霧都」。一九五二年，倫敦發生了一次嚴重的煙霧事件，導致倫敦交通癱瘓。據統計，當月因這場煙霧而死亡的人口有四千多人。這起事件是二十世紀十大環境公害之一，史稱「倫敦煙霧事件」（Great Smog of 1952）。如今英國已經完成去工業化，環境改善得非常不錯。從其他開發中國家的經歷不難看出，所有國家的現代化過程都比較混亂，因為「現代化」要打破過往的秩序，建立新的秩序，這個過程不可能不亂。

亂一段時間也還好，最慘的是到了「現代化」的門口，卻進不去——這下可好，一直亂，又退不回去，墨西哥、巴西等國家就是處於這個狀態。

當外企大規模撤離的時候，如果一個國家沒有形成大規模的國內市場，那就慘了，這個國家將處在一個不上不下的狀態，外企一走，留下一堆爛攤子。

這類國家有幾個經濟支柱產業，但國內市場太小，無法支持這幾個支柱產業，又無法疊代演進，自然也就無法「先富帶動後富」，國家一直不上不下，弄不好還會引發社會動盪，東南亞和南美的一些國家多是這種狀況。

即使成為已開發國家，仍會面臨第三個陷阱，也就是「高等收入陷阱」，因為企業和國家慢慢會迷戀上賺取暴利，而且會把不太賺錢的企業和賺錢慢的企業搬到海外。不賺錢或汙染環境的企業搬走倒也罷了，最大的麻煩是把賺錢慢的企業也搬走。類似科研產業和需要技術研發的產業，都屬於賺錢慢的產業，如果這種產業也走了，那最後就只剩下少量從事金融業的人士過得優渥，其餘的人越混越差。

比如英國。英國已經沒有多少支柱產業了，地下洗錢業務倒是蓬勃發展，英國脫歐最大的推動力就是金融寡頭們想要擺脫歐盟對他們的洗錢限制。其他已開發國家也差不多，都面臨本國核心業務外流、經濟金融化等問題。

與人民購買力綁定的未來

簡單來說，一個社會能發展，第一關鍵要素是「需求」，也就是購買力。國家起步要發展外貿，後期要發展內需，本質都是「需求」。市場經濟最關鍵的就是賣的東西有人買，這樣才能形成「循環」。出口導向，是為了讓國民富起來；擴大內需，也是讓國民富起來。兩者本質是一樣的，都是為了讓人民手裡有錢。有了錢才有購買力，國內開的飯店有人去，研發的晶片、電池、電動車有人買。只要有人買，企業就能回收資金，就可以疊代起來，不然再好的產品研發出來也沒什麼用，難以長久。很多厲害的發明創造出來後就束之高閣，主要是因為沒什麼用，賣不出去。賣不出去的發明就無法疊代，再厲害也只能閒置。

一個好的社會必須讓菁英能發揮優勢，這也是早年菁英往美國跑的原因之一。不過這些年隨著國力提升，這一點也不再是問題。只要獎勵足夠，人才就能發揮出優勢。同時社會還要照顧弱勢族群，我一直不覺得這和「尊嚴」有什麼關係。我認為基層有無數厲害的人，只是他們的才華被淹沒在無休無止的日常瑣事中，照顧基層，就是給所有人機會。而且，讓基層慢慢富起來，也有助於擴大國內市場，某購物平臺幾乎是一夜爆紅，也是因為它獨自殺入了一個處女地。

不僅如此，還要培養更多高科技公司。歸根結柢，國與國之間的競爭最後都會落實到公司與公司之間的競爭。當然也不能說「培養」，偉大的公司都是自下而上演化出來的。只要鋪設了大量的網際網路基礎設施，自然而然就會演化出強勢的網際網路企業。

其他領域也一樣，有巨大的國內需求，自然而然會冒出強悍的企業，比如通訊領域大爆發推出了華為，甚至在手機領域也成就卓著。

整體來說就是深耕國內市場，提升科技水準，控制貧富差距，完善市場秩序，打擊資本投機和惡性的那一面，這些策略如果能長期堅持下去，未來可期。

不過，市場經濟的規律越來越不適用於超級公司，傳統的「完全競爭的市場」在很多領域並不存在。那裡都是超級公司的天下，比如晶片、網際網路、通訊、鐵礦、石油。

在這些領域每個國家都只有幾家巨頭在控制著。這些巨頭的想法，可能就是這個國家未來在這個領域的進展，不干預行嗎？如果一個國家頂尖的公司躺著賺，壟斷紅利，不做研發，那這個國家在這個領域可能很快就會落後了。

在這些年發生的事，可能會讓人覺得現在形勢不太好。不過我們應該用「疊代」和「進化」的角度來思考問題。無論治理腐敗，脫貧策略，晶片研發，科技進步，甚至日常工作，都可以如此思考。比如設計軟體，第一個版本都比較簡單，然後慢慢增加功能，一點點精細化，疊代幾輪之後，就顯得非常精細優良了。之所以說要「保持初心」也是這個原因，出發後不要忘了方向，朝著一個目標反覆疊代，一切都會好起來。

13 「前進」本身會塑造強人

人才外流的問題已經困擾我很多年了。作為一個早熟的年輕人，十幾年前第一次碰上這個問題時，就有種深深的寒意，覺得這個國家慘了。畢竟很多高端人才都去了歐美，歐美只會越來越強，而國家缺乏人才，會不會一直被鎖死在低位上？不過當時根本無法想清楚，生活還是得繼續，如今十幾年過去，整體形勢比我想像的要好得多。

企業造就人才，人才提升公司

我們公司的創始人曾說，在他畢業的那個年代，誰會想去一個新創公司啊，當時大家的夢想都是當公務員，當不上公務員，就去國營企業當個正式職工，搶個鐵飯碗。像他這種讀了大學，最後進入新創公司的人，常給人大材小用的感覺。不過這麼多年過去，當初進國營企業的那批人大概也就那樣，儘管整體比較穩定，但沒有特別大的發展，而他們這些當初大材小用的人，反而在市場化浪潮下做得有聲有色。

事實上，大部分成功的團隊都是在搏殺中前進，在殘酷的競爭中成長，將經歷變成經驗，經驗再變成策略和心智，反覆疊代。普通人在這個過程中也能爆炸式成長，厲害的人則會成長得更快。

反過來說，最高端的人才去了穩定的環境，做大公司裡的一顆螺絲釘，很快就「螺絲釘化」了。早期去往海外公司的那些人才，基本上都進入穩定的環境，變成「螺絲釘」或者做科研。其實，觀察目前的情況就能得知，國內最優秀的畢業生，往往也傾向去大企業上班或者去科研機構，這些機構最容易把人養成螺絲釘。當然，我的意思不是說不該去大企業，畢竟我自己也在大企業裡。而是新創公司在上升期雖然傷亡大，但是容易造就英雄。這些英雄的初始條件比較差，是環境把他們逼成了神。

也就是說，「強人」本身是流動的，大學畢業時你可能非常牛，但是畢業後多年從事低挑戰、低強度的工作，大腦皮層便慢慢固化。在所有的固化裡，最可怕的就是「大腦皮層」固化，人漸漸變得保守，不再冒險，不再嘗試任何可能性，否定認知範圍之外的一切事物。在公司穩定的狀態下，大家更容易找到自己的位置，盡量少去冒險，但是這個過程會消磨人的熱情，鎖住人的進取心，最終使人變得只在乎自己的分內事。也就是說，環境和個人是一種相互進化的關係，上升期的環境會塑造強人，強人會推動環境進一步上升。

所以，即使優秀的人走了，只要企業還在前進就不怕，因為「前進」本身會塑造強人。在好的環境裡，高手會持續湧現出來，而且源源不斷。

投入創新才能領先

全世界的教育體系概分成德國模式和英國模式。

德國模式強調的是每個人均等的受教育權，把所有人都強制送進學校，大家用同一套教材。這種模式的弊端就是成本特別高，因為既然國家要求每個人都同等接受教育，就必須相應支出巨額的教育經費。德國模式不太關注學生的個性，強調的是訓練和選拔。有點像軍隊，每個人都必須達到二十三分鐘跑五公里的標準。後發國家基本上都是採取這種模式。此外，德國模式認為人生是場馬拉松，你跑得快、耐力強，就可以脫穎而出。如果你實在沒耐力，那麼跟著跑幾圈，也總比不跑強。

英國模式強調的是「釋放」。也就是說，如果你是天才，你很快就會脫穎而出；如果是一般人，那就專注做自己，強調的是個性和自由。這種模式認為人生就像一棟摩天大樓，每個人都有自己的位置，做你自己就可以了，因此讓人少一些焦慮，多一些從容。

很顯然，德國模式適合改善社會整體的土壤，是後發國家的最愛。尤其適合工業國家，這類國家需要大量具備一定科學基礎的人口。英國模式則適合培養天才，先進國家比較喜歡。這也跟歐洲古代培養神父的模式有關，歐洲有點像清朝，選幾個頭腦好的去學校學習，而不是大家一起學。

德國模式對世界影響極大，東亞國家基本上都採取德國模式。這種模式最大的好處是，如果人口基數大，就能選拔出大量的優秀人才，而且源源不斷。

就某種程度而言，中國當初頂著巨大的財政壓力採納了德國模式，也為後來的一切打下了基礎，中國年輕人的識字率和科學素養在全世界排名算是高的。

過去幾十年裡，中國培養出巨大的人才庫，畢業後到市場上搏殺，自然會進化出一批新的頂級人才。說起人才，多數人的第一個反應是科學家，這個理解就略顯狹隘了，相較於科學家，更重要的是企業家和政治家，如果技術不能轉變成市場需要的東西，往往一文不值。

中國如今在商業和政治方面並不比西方弱，但在科技方面還略遜一籌，主要是因為中國之前的首要之務不是創新，而是追趕。比如你得先吃飽，才能謀求富貴，等錢充足了，再做點別的，例如爭取領先。

大概在二〇〇八年之後，中國的形勢慢慢好轉，近幾年便開始布局未來。從二〇一七年全球 R&D[4] 經費投入來看，中國和美國在科技方面的投資很快就要不相上下了。這也是近幾年越來越多博士在美國學成後選擇歸國發展的原因。

打造承接人才的市場條件

我發現，在一九九〇年代到二〇一〇年左右，賣掉房子移民國外的那批人裡，發展得特別好的非常少，大部分是開計程車，開超市。發展得稍微好一點的，就是組個施工班，或者做家庭醫生、移民仲介、房地產經紀人（主要服務對象是華人）等。反正海外

4 R&D（Research and Development），指在科學技術領域，為增加知識總量，以及運用這些知識去創造新的應用，所進行的系統性創造活動，包括基礎研究、應用研究、試驗發展等三類活動。國際上通常採用 R&D 活動的規模和強度指標，來反應一國的科技實力和核心競爭力。

華人多，需要大量的人相互服務。

這幾年網際網路大爆發，一些聰明的華人也在海外做起「野生App」，比如「野生滴滴」、「野生餓了嗎」。其中有些人成功了，發展得還不錯，其他人就發展得相對一般。

在國外，尤其是北美，有個明顯的優點，就是環境好。好比你在國內釣魚經常什麼都釣不到，到了那邊一揮桿就能釣到，說不定還沾沾自喜，覺得自己有這方面的天賦，其實是因為那邊環境好。

但這些地方也有個明顯的缺點，就是人少，很多生意做不起來，進而限制了發財之路。如果大家跟我一樣經常跑海外就知道，美國和加拿大以及歐洲等地，華人女性當超市和商場售貨員的非常多。男性在已開發國家做生意的話，基本上都集中在中餐館、超市、施工班，後來甚至導致這些行業的競爭加劇。

我聽過最殘酷的一句話是：這些移民國外的人在國內買東西消費都不看價格，去了國外卻錙銖必較。因為國外賺錢管道少，遲早坐吃山空，所以大家都得節省。

藉由留學出國的人，經常會在讀完博士後定居美國，發展得基本上都不錯。這些人本來就是菁英，在哪裡都不會混太差，但是爬上去的也非常少，有玻璃天花板一說。這些人混到中階的比較多，混到上層的非常少，職業生涯經常是一眼望到盡頭。

二〇一〇年之前，出國的人絕大部分還是希望留在國外，回國的往往是沒辦法留在國外的。

我有一年去法國，認識了一個女生，二〇〇〇年左右畢業於北大中文系，後來去法國留學。當時她寧願待在法國賣香水都不願回國，月薪大概是三千歐元，購買力相當於六七千人民幣（不能直接用匯率換算）。

我倒也不是要對別人的選擇說三道四，不過同行的幾個年輕人都說，如果留在法國，收入必須比在國內高許多才行，比如他們在國內有兩萬人民幣（臺幣約近九萬）月薪，在法國就得有一萬歐元（臺幣約三十萬）以上才行（法國月薪達到一萬歐元算是非常高的薪水了），以彌補離鄉背井的痛苦。

而二〇一〇年之後，留學生內部出現了很大的分歧，其中一部分是所謂的「回國黨」，他們堅持要回國，出去就是為了回來，出去的目的是學習，將來要回國上班，而且這部分人數越來越多。根據中國教育部公布的二〇一八年出國留學人員情況統計，相較二〇一七年，留學生的歸國人數增加了三．八五萬人，增長了百分之八。

更重要的是，產業界慢慢有了承接他們的條件。我以前認識一個留美的生物學博士，他告訴我，他二〇〇四年畢業的時候，國內沒有一個能給他工作的企業，只能去大學。不過當時大學對於這個領域也不太重視，所以他就留在美國製藥公司了。

現在國內的研究條件逐漸變好，也有更多的商業公司能接收這些研究型人才，研究經費也越來越充足，相信今後會有越來越多的人才優先選擇回國。

不過話說回來，只有少數幾個領域的博士跟市場相匹配，也就是研究方向正好和公司利益一致，公司才會花費上百萬雇用一個博士去公司做研發。在正常情況下，博士們都是去大學之類的地方，以至於現在很多領域的博士皆有過剩之虞。

這也是為什麼越來越多博士去做科普相關工作的原因。我跟某科普知名部落客關係不錯，經常開他玩笑，他以前就是中國科學技術大學少年班的「神童」，後來不再做科研，而去做科普工作了。

中國以前是追趕態勢，所以對創新要求低一些。今後慢慢要往「引領創新」的方向發展，創新不是以前那種一拍腦袋的「靈機一動」，而是持續地研發和不斷技術突破。

我知道幾個知名大廠，基本上都會高薪雇用博士做「預研」，也就是技術儲備，今後估計會有越來越多大公司意識到這一點。只有業界開始花錢投入研發，對人才才會有需求，人才回國也才有地方去，不然就算他們想回國也無用武之地。

中國後續想持續發展，或許只能走這條路，而且擴大研發還有個好處，就是增加高收入技術人員的數量。有錢人的錢大部分都消費到海外或者在國內買資產，只有年收入十～三十萬人民幣這個階層的人能帶動內需。如此說來，中國近兩年遭遇各種「卡脖子」，長期來看可能不是壞事，至少打消了一部分人的幻想，從學界到企業界，今後都得有自力更生的決心和行動。

14 自下而上推動科技進步

我看了騰訊的「騰訊科學WE大會」直播，其中提到中國在通訊領域已經達到世界頂尖的水準。中國在古代領先於全世界這個事實無庸置疑，但中國具體是什麼時候被西方超越的，又是怎麼落後的，而現在的態勢如何？

住一樓的人不會想要裝電梯

為表示公正，我引用西方學者伊安．摩里士（Ian Morris）的話。他是史丹佛大學的教授，經常被人指稱是「種族主義者」和「白人至上主義者」，就連他也認為，西方大概是在一七五〇年才追上了東方。[5]

那麼問題來了，西方做了什麼事情使得他們快速趕上東方呢？其中的因果關係現在的主流學術界已經梳理得很清楚了。

首先是發現新大陸。西歐人在新大陸發現了大量黃金、白銀等貴金屬礦藏。其實單純發現大量金錢並不是好事，有點像是銀行發行了大量貨幣一樣，好在當時東方比西方發達得多，西方可以拿著這些錢去東方購物，並在這個過程中慢慢提升生產力。

西歐人拿到美洲的黃金後，在今日的菲律賓、馬來西亞一帶購買香料，又在印度買棉布，以及在中國買瓷器和茶葉。西歐因此變得越來越富裕，慢慢地也能投入擴大生產。

藉由貿易，中國和西方的交流往來日益頻繁。中西方在火器方面基本上沒有代溝，戚繼光的隊伍裡就裝備了大量火器，明朝邊軍也有大量火器，甚至明朝和日本在朝鮮的那場戰役中，雙方都大量裝備了火器。

5 伊安．摩里士在《西方憑什麼》（*Why the West Rules—For Now*）一書中提到，一七五〇年左右，英國企業家率先使用蒸氣和煤炭，從此世界發生了翻天覆地的變化。

不過當時冶煉技術不成熟，槍管裡有大量氣泡，無論東方還是西方，火器都有嚴重的膛炸問題。那時候每次開槍都像是賭俄羅斯輪盤，槍膛一炸，半邊臉就沒了。明朝工部每年都會生產大量火器，但是邊軍並不喜歡用，這些火器經常是堆在倉庫裡。大家有興趣可以去翻翻戚繼光的《練兵雜紀》，其中說了許多這方面的事。

時序進入清朝以後，四境安穩，所向披靡，所以大清徹底失去了改良武器的動機，就好像一個人住在一樓，自然沒有動機去裝電梯一樣。

但是西方不一樣。歐洲大陸被山脈和大河切割劃分，難以形成統一的國家，碎了一地的幾百個國家為了市場、宗教、殖民地等問題打成一團。為了在戰場上取得勝利，各國不斷提升武器性能，改革軍制。誰武力強，誰就可以擁有更多殖民地，既可以向殖民地傾銷工業品，獲得更多財富，又可以讓殖民地的人充當勞動力。

所以西方在擴大工業產能和增加大炮口徑方面的競爭越演越烈，促使各國絞盡腦汁，不斷研發全新技術壓制其他國家，並且設計了複雜的選拔機制，讓最高端的人才到國家科學院去研究新技術，國家也開出賞金懸賞各種創意來解決各種問題。

而在中國，火槍自發明以來經歷過四次關鍵改良，但由於清朝對火槍沒什麼需求，就沒有繼續改進，因此大清的火器一直停留在明朝的水準。順帶一提，中國古代發明的是黑火藥，可以放煙花，也可以用在槍炮上。直到拿破崙戰爭、克里米亞戰爭（一八五三～一八五六年）、美國南北戰爭和英國波爾戰爭（Boer War），歐洲陸軍都是使用黑火藥作為槍炮彈藥。隨後發明的「無煙火藥」則完全是另一種東西，效率高，殘留物少，現在的槍炮都是使用這種火藥。

所謂的科學精神也是在這個時期出現的。技術人員的地位和收入越來越高，大學也開始大量介入研究科學技術。在此之前，大學主要是研究神學，科學屬於非主流。大學裡都是神父，甚至美國的哈佛大學、耶魯大學成立初期，主要的職能還是神學院，旨在培養神父。

而且西方跟中國相比，有個明顯的劣勢——人少。但是正因為如此，西歐傾向於用機械和工具來解決問題。中國往往能增加人力就不提升技術，越來越多人力投入到土地上，邊際產量越來越低，社會歷史學家黃宗智曾引用的「內捲」（Involution）即可貼切描述中國當時的狀態。

由於沒有海外擴張和軍備競賽，中國對技術需求一直不高，技術人員的地位也偏低。這不難理解，一個精通人工智慧的高手到了小鄉鎮也一文不值，但是在大城市卻可以拿到上百萬年薪。本質都是需求，一項技術或者一個人才到底有沒有價值，跟市場需不需要有決定性的關係。

在地理大發現之前，歐洲的技術人員也沒什麼地位，然而隨著對技術人員的需求越來越大，這些人的地位也水漲船高。

西歐的這個發展過程非常漫長，持續了上百年，不過所謂「跬步千里」，儘管進展緩慢，但是「從量變到質變」，慢慢地，西方在以下這些領域獲得顯著的進展：

一、海上定位越來越準確，以經緯度測算，且不斷改進六分儀、星圖、象限儀、望遠鏡等航海工具。

二、生產工具大幅改良，比如紡織機、蒸汽機，效能都有所提升。

三、作戰裝備越來越專業，隨著不斷改良冶金技術，槍械膛炸現象也越來越少，後來又增加了膛線。十九世紀發明的「雷汞」，對武器使用至關重要，從此撞針在子彈屁股上敲一下，子彈就飛出去了。

終於，在工業革命之後，機器挖煤、機器運輸、機器紡織興起，人類只要駕駛、操作工具，就可以完成比自己親手做大幾百、幾千倍的工作量，西方也就此進入新的紀元。

等到下一次東西方碰撞，已經是鴉片戰爭了，那時中國早已全面落後。

情懷與理想無法推動科技進步

對利潤和戰爭勝利的需求是科技進步的關鍵。

比如對一個人說，上班是為了實現公司的價值，昇華自己的情操，可能無法產生什麼動力，對方還會覺得灌輸這種思想的人是傻子。但如果跟他說，只要他好好上班，三年在市中心買房，五年實現財富自由，那這個人是不是會幹勁十足？

科技進步也是相同的道理。研發技術本身很痛苦，要承受艱辛的研究過程、巨大的不確定性，以及投資泡湯的可能性，如果沒有足夠的獎勵，沒人會去做。唯有研發科技能讓人和組織獲益，才會有人願意投入巨資去做。

科技、貿易、戰爭，三者本質上是一個正向回饋循環，彼此糾結進化。科技可以提升戰爭和生產效率；戰爭可以搶奪殖民地，擴大勢力範圍；殖民地和生產能增加財富；財富又可以反哺科技。

航海、冶金、火藥和天文等技術，又是為了服務上述那些業務，所有技術皆是為了解決實際問題而設置的，最終目的無一例外是利潤。所有人都渴望能藉由改進技術、提高效率，進而分一杯羹。在這個過程中，無論是各國科學院還是民間技工，都發揮了巨大的作用。

工業革命改變了世界的三項技術，「珍妮」紡織機（Spinning Jenny）、改良的蒸汽機和火車頭，都是基層技術人員的成果。這些本來出身寒微的人藉由創新澈底改變了命運，瓦特、愛迪生等人後來都成了超級富豪。

此外，國家研發和民間研發，軍用和民用，向來交織難分。舉例來說，眾所周知，對糧食產量影響最大的是農藥和化肥。說是農藥和化肥的出現讓人口暴漲，改變了世界格局，成就了現在的局面也不為過。

但是製作農藥有一個關鍵原料，也就是氨。農藥生產需要大量的氨。氨本來是從硝酸鈉當中提取的，但產量一直無法提升。直到德國化學家哈伯（Fritz Haber）領悟到製氨的關鍵是氮，而空氣中不都是氮嗎？於是他藉由複雜的技術，利用空氣中的氮氣和氫氣直接合成了氨。

不過，德國研究氨的合成最初並不是為了支援農業，其主要的目的是快速生產硝酸銨，也就是一種強力炸藥。隨後第一次世界大戰爆發，歐洲戰場打成一團。德國瘋狂生產硝酸銨，裝入炮彈射向英法陣地，法國很多軍人就是在硝酸銨的爆炸聲中被撕得粉碎。順帶一提，二〇二〇年八月四日黎巴嫩大爆炸事件，起因就是二千七百噸的硝酸銨。

哈伯因此獲得了「化學戰爭之父」的名號，想來哈伯也很無奈——拜託，我本來是想種地，怎麼就成了化學戰爭之父。戰爭結束後，這種製氨技術被用在耕種上，果然農業產量大增，這項技術也成為改變人類歷史的幾項關鍵技術之一。

哈伯後來因為合成氨獲得了諾貝爾化學獎，不過全世界都在譴責他在戰爭中做的缺德事（倒也不是他做的，只是他確實參與了）。他的夫人也承受不住壓力自殺了，所以哈伯一生鬱鬱寡歡。

不過，客觀來說，氨改變了世界，從那以後，只需要少數人就可以種地，讓大部分人去做別的。據說在那之前，全世界有一半人口在種地，而之後只需要三分之一。可惜到現在，世界的糧食分配仍然相當不均。

後來的原子能和電腦的發展同理，本來都是軍事技術。美國推動原子能計畫的目的是研究原子彈，電腦則是用來計算導彈彈道。這些技術都是過了很多年後才轉化成民用技術。

比起國家，企業更應該領導研發

一言以蔽之，技術的進步本質上就是源於對利潤的渴望。

最明顯的是美國，天上掉下的三塊蛋糕，它全接住了。

美國建國之初只有大西洋東海岸那一塊領土，在接下來的上百年間，不斷向西蠶食鯨吞，直到領土橫跨兩個大洋。眾所周知，土地是財富之母，美國在這個過程中獲得了第一桶金。

這部分紅利吃盡之際，二次世界大戰爆發，半個歐洲的財富都跑到了美國。世界大戰還為美國帶來了巨大的科技紅利，大半個歐洲的科學家也跑到美國去了，美國因而有了第三次科技革命。

美國向來鼓勵競爭，對私人財產保護得比較好，讓許多發明家成了富豪。當然，這並非絕對，比如「交流電之父」特斯拉（Nikola Tesla）就被愛迪生整得很慘，但這屬於私仇，也沒辦法。

好在技術本身具有擴散效應。做系統軟體的人都知道：面對一個難題，很多時候最困難的不是研究過程，而是確認方向。只要告訴我哪個方向是對的，問題可能已經解決了百分之三十。

這也是很多博士痛苦掉頭髮的原因之一。對於那些理工科的課題，包括博士生導師在內，其實根本沒人知道你做的研究是不是死路一條，研究三四年才發現走不下去的情況多不勝數。

一個難題可能日本、歐洲有好幾個團隊都在研究，各自突圍，彼此都不知道誰能做出成果，只是硬著頭皮往下走。看看新冠疫苗的研發就知道了，全世界好幾個團隊都在研究。

西方現在的科研水準依舊跑在中國前面，客觀上就像是一個路標，雖然很多技術中國沒有掌握到，但是只要知道對方是從哪個方向上突破的，就已經解決了最麻煩的問題。按照這個邏輯，追趕就容易許多。

再加上摩爾定律（Moore's law）遇到瓶頸，其他國家也發展不動了，這對中國而言既是好事也是壞事，好的是後發國家肯定能做到先發國家的成果，壞的是全人類無法突破的屏障就在眼前。

而且美國的研發體系有個特點：政府主導的研發占小部分（主要是各研究所和大學），大部分研發是工業界自己進行，各家公司根據各自的需求決定研究方向，尤其是大公司，比如蘋果和波音，都有龐大的研發團隊。

這種模式曾經發揮巨大的力量，因為企業在市場上打滾多年，知道市場最需要什麼，所以企業帶頭研發，將來產品在市場上才賣得出去，才能回收資金，開啟下一輪研發，完成一個正向回饋。而國家則在基礎科學，或者一些非常複雜卻不太盈利的項目上出力。

這一點中國也一樣，就拿騰訊來說，且不論它擁有龐大的研發團隊改進產品，這些年騰訊在科技領域的投入也非常大，其「科學探索獎」前期就投入了十億人民幣作為啟動基金，二〇二〇年獲獎的五十位青年科學家，每人將在未來五年內獲得騰訊基金會總計三百萬人民幣的獎金，並且可以自由支配這筆獎金。希望其他公司也能跟進。

這種從企業到國家主導的科研方式，就是所謂的「自下而上」。我在研究所做科研的那幾年，國內也提出了「產學研」的概念，也就是企業、大學和研究所要加強合作。在二〇一八年全球各國 R&D 支出排名中，中國在科研上的投資僅次於美國，但美國投資超過了中日兩國投資的總和，依舊遙遙領先。

不過，中國在某些領域也迅速朝尖端邁進。《日本經濟新聞》在二〇一九年一月三日連發了三篇文章，表示在三十項尖端科技中，有二十三項是中國占據首位，如鈣鈦礦、單原子層、鈉離子電池等；美國拿下七個第一；日本則未有斬獲。

也就是說，在部分領域，美國雖然依舊占據優勢地位，但是中國現階段的成績也很亮眼。

此外，跟美國相比，中國還有一個巨大的優勢——研發成本較低。不過這一優勢顯現出中國的人力不如西方的人力值錢，非常讓人傷感。

比如我認識一個在思科（Cisco）做管理的朋友，幾年前他的團隊和我的團隊大小差不多，員工水準還不如我們（相同的一個功能我們解決了，他們沒解決）。我們兩人大致計算了一下，美國團隊的成本比中國高四倍以上，如果把加班費也算進去，這個差距更是驚人。

我隱隱約約覺得，美國在科技上的投入比中國多一倍，然而到最後可能差不多都被人力成本抵消了。

現在加班、成本低這類話題不太能提，給人的感覺好像是剝削工人、血汗工廠。不過事實上，後發國家確實沒有別的辦法，技術不行只能靠體力彌補，用一代人的努力促進技術水準提升，讓後代子孫活得輕鬆一些。

你或許會納悶，同樣端盤子洗碗，西方怎麼能比中國多賺那麼多？我去了一趟就明白了，說穿了，就是美國菁英研發出來的尖端技術從世界各地賺到了錢，這些菁英花出去的錢多，為他們提供服務的人賺得也多。我相信各國在發展過程中沒有輕鬆的，看看日本、韓國的發展史就知道了。不過現在有不少中國企業明顯是濫用「九九六」[6]，很多產業根本沒有必要，也絕對不應該強制執行這種工作制度。

美國現在有個趨勢越來越明顯，即金融資本家對「暴利」越來越迷戀。這也無可厚非，畢竟科技進步的主要動力就是利潤和戰爭。

資本家研發技術的目的也是為了增值，如果有更好更快的賺錢管道，他們才不會去研發技術，畢竟技術研發的週期太長，前景不明，收益也不穩定，哪有做金融賺取暴利來得過癮。

這些年金融資本家最愛的其實是國際游資（Refugee Capital），亦即放高利貸或者資本互炒，畢竟這些方法賺錢比較快。這也是為什麼中國一直對金融管制得那麼嚴格，就是為了防止科技還沒提升，資金就去放高利貸了。資本家不關心社會價值，只在意是否能快速取得收益。

6 意指早上九點上班，晚上九點下班，一週工作六天，暱稱九九六。

最明顯的例子就是波音，波音是美國工業王冠上的明珠，近幾年發展疲軟，究其原因，是波音在研發上投入太少，業務大量外包，把錢都花在回購股票、拉高股價、討好股東上。美國很多企業現在都有這個問題，值得深思與警惕。

我查了一下《二〇一九年全國科技經費投入統計公報》，發現政府和企業的投入比例差不多是二：八。科技方面的投資非常重要，舉個例子來說，心臟支架是關乎性命的醫療產品，自從技術研發成功以來，國產漸漸替代進口，價格不再受制於國外，心臟支架就從一萬多人民幣（臺幣約四萬四）跌到了幾百塊。

所以說，技術突破不僅僅事關技術，更攸關性命，價格越便宜，就能救下越多的人。

我希望其他公司也能夠像騰訊一樣，一方面在自己的產業裡領先，最好能到海外開疆拓土；另一方面也承擔起社會責任，加大科研投資的力道。

畢竟，避開內部競爭的較好出路，一是提升科技水準，二是向海外拓展。

看了騰訊的「騰訊科學WE大會」，我深深覺得好多研發真的非常燒錢，各國和參與投資這些研發的公司真是需要有堅定的決心才行。

有人認為在晶片研發上要慎重，言下之意依舊是製造不如購買。其實在十年前，這種說法並沒有什麼問題，而且各國各有所長確實是效率最高的選擇。

不過，近幾年的國際情勢緊張，「科技無國界」也變成一句空話。

我剛踏入職場的時候，聽過一個語音辨識技術專家的講座，他說看到自己的國家和他國的差距心裡不爽是正常的，不過也應該慶幸，因為這說明自己還有進步的空間，正是成就功與名的好時機。如今那位專家已是某家知名企業的高階主管，該家企業的水準也已領先業界。

中國已擁有全部產業門類，只要企業和國家專注於技術投入和提升，先在個別領域領先，再於少數領域領先，然後在多數領域領先，最後向尖端衝刺，持續努力，未來可期。

PART 5

讓世界趨勢成為你的助力

老路走不下去才有了危機。要跳出舒適圈，去做那些艱難的事。
解決複雜問題才是進步之源。

15 追求效率與公平的未來經濟

本章談的這幾條，即使近期不會發生，此一趨勢也幾乎無可避免。

無規則競爭造成的不公

如果你最近幾年才踏入社會，可能對所謂的「猝死」感觸並不強烈，但像我這樣工作十幾年的人，明顯能感覺到風向變了。

我剛畢業的時候，《勞動法》基本上有等於沒有，HR在招募時會直接問：我們這裡經常加班，你能配合嗎？所以那幾年猝死的事件雖然時有耳聞，但很難引發什麼軒然大波。

然而近幾年網路上出現了一大堆新詞，什麼「內捲」、「後浪」、「打工人」，顯示網友對這類問題的迴響越來越大。

仔細想想，其實這都是人的意識和社會整體轉型的過程，社會逐漸從無規則自由競爭轉向「公平」。以前是洪荒狀態，需要開拓者。為了激勵他們，條件是無規則、高收益，賺到的就是你的。

既然沒有規則，那所有的一切都可以定價，甚至為鮮活的生命標價。比如一九八〇年代，山西黑煤礦經常發生瓦斯爆炸，因為黑煤窯的礦主簡單計算過，裝一套處理瓦斯的設備要幾百萬；如果不裝，出事的機率也不高；就算出了事賠償，一年也就幾十萬人民幣。所以那些煤礦坑堅決不裝處理瓦斯的設備，結果就是教訓慘痛。

再來看猝死問題，其實與煤礦坑的道理相同。如果輿論可以控制，賠償也能接受（現在大概是一百萬人民幣賠償金，且主要是保險公司承擔），那企業就有足夠的動機把工作時數加好加滿，反正出了問題有社會罩著。

企業是社會發展的動力，但是如果完全不設限，他們就什麼事都做得出來，畢竟很多企業都是以逐利為主。上班族受 **KPI** 約束，職業經理人也有自己的盈利目標，為了達到目標，道德規範都不重要了。

黑煤窯罔顧人命的做法，直到後來國家強勢介入，勒令關閉了黑煤窯，並訂定了關於煤窯的詳細操作細則，意外事件才慢慢減少。

各地這類事件非常多，事實上，再過十幾年，回頭看現在整個網際網路產業的「九九六」制，可能也會覺得不可思議。不過那些年中國缺的是效率，缺的是一日千里；一萬年太短，只爭朝夕，恨不得在幾年內就趕上西方上百年發展的進度。

在這種情況下，國家只能盡量把資源集中到那些強人手裡，讓他們肆意發揮。事實上，你甚至不需要「賦予」，自由競爭一段時間後，最後的穩定狀態就是一小部分人拿走了大部分資源。

如此發展到一定程度，如果不加約束，財富便會不可逆地流向一些人，經濟好的時候富人們大賺，經濟不好的時候他們賺得更多。

曾有報導宣稱，美國的富人自新冠疫情爆發以來，資產大幅增值，前六百五十位富人掌握了四兆美元的財富，較二〇一九年三月激增了一兆美元，總計在八個月內增長百分之三十三以上，是底層一．六億人持有財富的兩倍。

公平是為了更有效率

近幾年能明顯看出來，社會開始重新反思，尤其是年輕人開始反思。反思的聲浪越來越大，逐漸形成氣候，輿論便開始大反轉。

過去有人會說中國人仇富，但其實美國也差不多，而且歐美那邊的麻煩更大。甚至拜登（Joe Biden）上臺後，列了七個美國政府的工作目標，其中就包含解決社會衝突——既得利益者也碰上麻煩了。大眾無法一直容忍一貧如洗，也無法一直容忍巨大的貧富差距和毫無希望翻身的社會現實。

近幾年我有個感覺，不知道準不準，現在電子商務人士說馬雲好的越來越少，主要是因為「直通車」[7]越來越貴，很多企業每年賺的錢，基本上都給了直通車，但是如果不買直通車的流量，最後也賺不到錢。感覺有點像是電商消滅了一部分中間商，自己做了中間商；消滅了一部分線下房東，自己做了線上房東。直通車的本質是把房東們集中到一個公司名下。

7 直通車是一種搜索推廣工具，可以讓電商的廣告出現在平臺首頁。

當然，本章不是要討論對錯，而是要討論一個社會現實。我看一些自由派知識分子罵民眾無知，說民眾缺乏他們那種先進的商業精神。這就好像在說你掉進一個坑裡，你得自己想辦法爬出去，而不是抱怨這個坑根本不應該存在一樣。

如今的現實就是全世界都掉進了這個大坑，幾乎沒有一個國家的民眾對這個情況滿意，並且在網際網路的推波助瀾下，人們的怨氣更是一發不可收拾。達利歐曾寫過幾篇文章總結過去幾百年的歷史，其中提到，過度消費與借貸、財富和政治的鴻溝擴大之後，只要稍有不慎，社會的緊張局勢就可能會失控走向革命或內戰。

從第二次世界大戰至今，世界經歷了七十多年的和平，僅有區域戰爭發生，以至於大家忘了一件事，在整個人類歷史上，戰爭和動盪是常態，穩定和繁榮反而不是，達利歐的話也不完全是危言聳聽。

以前中國有不少知識分子嘲笑歐洲福利制度養出一堆懶人（包括我自己），但我這幾年慢慢了解了，那些國家並不是天生愛自找麻煩，而是國家發展到一定程度，社會矛盾太大，必須想辦法減少內部衝突，緩解矛盾。歐洲在過去幾百年間一直走在世界的前沿，所以提前遭遇了這個狀態。

其他國家遲早也會面臨社會衝突激化的情況，需要集思廣益去解決。尤其現在的社會形勢又大不相同，網路會無限放大情緒，比如你聽說了某件讓人鬱悶的事，本來以為只有自己一個人鬱悶，後來上網一看，發現很多人都在談論這件事，很多人跟自己的想法都差不多，鬱悶就可能變成憤怒，只要稍加煽動，憤怒就會變成暴亂，比如「阿拉伯之春」。還有美國近年的「零元購」、國會山莊暴動，本質上都是網路放大情緒後演變成線下衝突。

沒有網路的話，很多時候大部分人都不太明白自己的社會定位。比如美國人，他們發現工作不好找，如果是在以前，肯定會先檢討自己；現在有了網路，他們發現不止自己沒工作，就會意識到這是社會整體的問題，一旦遭人煽動，無名火頓時就燒起來了。

不過從現在的情況來看，單純的社會福利並不是澈底的解決方案。歐洲也有不少問題，比如歐洲科技發展自一九八〇、九〇年代起便陷入停滯，且稅收太重，大量富豪紛紛出逃等，這也非常值得深思。

還有日本，也發生很奇怪的現象。幾年前我跟日本一家公司的客戶往來了很長一段時間，沒想到他突然說要離職，今後沒辦法合作了。我非常納悶，說：你們日本人不是不跳槽的嗎？老闆也不隨便開除人，你這一把年紀了，怎麼這麼激進，還學年輕人要叛逆？

他說我說對了一半，日本是不會隨便開除員工，所以很多企業都用高薪水養著一群老人（日本還有個奇怪現象，有些老人非常有錢，有些卻是上了年紀還得去開計程車、到便利店打工，日本的老人貧富差距也很嚴重）。

而為了避免將來養一堆老人，很多企業不願意正式雇用人，畢竟一旦雇用將來便不好開除，所以企業選擇大量錄用非正式員工。

這些非正式員工平時和正職員工沒有差別，但稍微有點風吹草動，就會優先被辭退。我的這個合作客戶從大學畢業起就一直是非正式員工，現在很為未來擔憂。

日本如今消費低迷，負利率，社會一片死氣沉沉，有人認為，如果控制不好，東亞國家都會相繼陷入日本那種狀態。日本是高位盤整，其他國家可能沒到高位就盤整了。

拿富人開刀不如幫窮人賺錢

那將來怎麼辦？

我現在想到以下幾點，大家不妨思考看看。

首先，社會各個階層承擔的義務應該是接近或者相等的，避免搭便車。基本上，全世界的納稅主力都是中產階級，因為收富人的稅非常難。

但是很難不代表就不去做，如果一個人總是挑生活中容易的事來做，用不了幾年就會變成一個廢物。機構或者組織也是一樣，必須去做艱難的事。

如果有些稅比較難收，就不去收了，只收好收的，這就是一種不平等，最後變成誰守法誰倒楣。

可能有人會問：如果收富人的稅導致他們都跑去國外怎麼辦？那還不簡單，如果你徵稅徵到別人根本一毛錢都賺不到，那人家可能就要走了；可如果別人賺到的錢大部分能自己留著，跑了就是損失，他為什麼要跑？

此外，黃金地段的房價直入雲霄，為什麼能這麼高？難道是因為這些房子的建材裡都摻了金子？當然不是，是因為那些地點的周圍往往有最好的基礎設施，諸如醫院、商場、娛樂設施、學校等，有了這些配套設施，房價不但高，還會繼續漲。

那問題來了，這些設施是拿誰的錢建的？當然是國家財政的公共支出。雖然是公共的，但便利性主要被周圍的住戶占了，甚至推高周邊房價的收益也被這些住戶獨占，這樣合理嗎？

大家不妨思考一下這類問題。很多問題都是先有共識，然後才會有進步。共識就是力量。

其次，降低貧富差距也不是道德問題，而是經濟問題。現在的國際形勢已經很明顯，接下來肯定是以內需為主。如果貧富差距太大，少數人控制太多財富，剩下的人沒錢，自然不會去消費，也就無法帶動內需。

畢竟有錢人很少會買國產車，也很少會消費國產的衣服，大部分錢都用來購買海外奢侈品。酒是例外，所以大家不應該批評茅臺，畢竟有錢人不消費茅臺，就會去消費那些貴得離譜的洋酒，消費茅臺反而是肥水不落外人田，而且茅臺看起來很貴，但是跟那些洋酒比起來還差得遠。

而且，受到收入曲線的影響，收入越高的人，其實日常固定支出在總收入中占的比例是很低的；剩下的都用來投資、購買資產之類的，反而進一步推高了資產的價格。也就是說，他們的錢對提振內需影響非常小。

反而是普通人構成了消費主體，消費的也是國內生產的物品。目前中國是奢侈品消費世界第一，同時消費品市場卻極度依賴海外，代表有錢人大量在海外消費，普通人的消費力卻沒那麼高，儘管對外貿易依存度已經下降，但依舊太過依賴海外。

此外，即使那些以平等著稱的北歐國家，初次分配也沒有多公平，他們是透過二次分配才壓低了吉尼係數[8]（Gini coefficient）。只是他們壓得有點太低，反而在一定程度上影響了社會的活躍度。

不過最重要的，還是「發展的機會」。

有人認為，社會財富歸根結柢都是人創造的；自由的人創造力才能充分發揮；個人的自由發展是所有人自由發展的條件。很多人不是沒才能，而是太窮，束縛了自由，沒有自由就無法發展，只能一輩子當生產線工人，自然無緣發揮天賦，比如做畫家、小說家、物理學家等。

而一個貧窮的社會會束縛所有人的自由；有貧富差距的社會會限制大部分人的自由，進而限制社會財富，注定是沒有前途的。

貧窮最大的問題不單單是貧窮本身，而在於貧窮也會束縛創造力。在這種情況下，大多數人的天賦發揮不出來，既無法創造財富改變自己，也無法影響周遭人的生活。

正因如此，脫貧才是一件意義深遠的事。

抛開冠冕堂皇的理由不談，脫貧政策最大的好處是透過一定的投資，讓貧困地區的

8 Gini coefficient，評估所得分配平均程度的指標。係數介在一與〇之間，越大表示所得分配越不均等。

經濟活絡起來，也就是有效利用各地的特質，無論種地、養殖、旅遊、光伏，總有一項能做出點成績。修一條公路，或許當地經濟就能發展；修個水庫，或許就能開闢出千畝農田。脫貧能把基層貧困族群從坑裡拉出來，釋放生產力。

而且藉由發展經濟，把經濟運轉的相關知識和外界的景況傳遞到貧困地區，這樣脫貧就如同一隻看得見的手，把他們拉起來，不至於與整個社會越來越脫節。

這也是為什麼當初美國《紐約時報》（New York Times）說中國花了七千億推行脫貧不太划算，卻也有美國人認為：中國幫貧困人口脫貧不划算，那美國政府把錢給軍火商然後把別的國家炸得稀爛就划算嗎？

這也是我大力支持脫貧的原因，長期來看這件事有利無弊。

二〇二〇年發生了一件事，長期來看可能影響深遠，那就是中國發行了一批負利率國債，被歐洲瘋搶。

所以，大家在煩惱「沒有好的投資機會」的同時，不妨多想想現在是「負利率時代」[9]，投資機會本就稀少，全球成長的時代要結束了，今後是「微成長」時代，很多之前沒注意到的矛盾都會凸顯出來，「公平」的呼聲今後肯定會越漲越高。

不過這也不是壞事，如果協調妥當，「效率」和「公平」本身並不矛盾，正如前文所說，降低貧富差距，提高基層收入，就是在提振內需，降低社會矛盾，這本就是一件能讓各方都受益的事。

9 二〇二二年世界各國皆面臨能源與通膨問題，利率也隨之上漲，歐洲央行於七月宣布調漲利率為零，結束近十年的負利率。

16 電動車的潮流已無可阻擋

我從幾年前就覺得電動車是汽車產業的未來，當時為了表示態度堅決，我還買了一些電動車的股票，持有三年，現在都漲了。「電動車是未來」這個想法會越來越普及，慢慢形成共識，最終席捲社會。

當然，幾年前我聊起這件事時，不少人反對，說我胡說，電動車不是未來主流。現在再提，也有人反對，不過已寥寥無幾，畢竟事實就擺在眼前，沒什麼好爭論了。

可能大家會問，這裡所說的「未來」到底是多遠，五十年還是一百年？沒那麼遠，最多十年八年。我為什麼能這麼確定呢？因為世界各國都需要它。

蘇聯物理學家「托卡馬克[10]之父」阿齊莫維奇（L. A. Artsimovich）說過一句話，當人類需要可控核融合的時候，可控核融合就會成為現實。電動車也一樣，當大眾迫切需要它的時候，就會拚命研發，且很快就有成果。

那麼問題來了，為什麼我們需要電動車呢？

發展電動車成為國際共識

中國一直以來有個顯而易見的問題：對海外石油依存度較高。雖然一直說要降低對海外石油的依賴，但往往事與願違。

原因也不複雜。隨著中國經濟持續發展，工廠開工、民眾開車，都需要大量的油料。而由於中國汽車持有率位居世界第一——是的，你沒看錯，中國汽車持有率確實位居世界第一——對石油的依賴度也已打破「十二五」規劃[11]的紅線，衝到了百分之七十

10 Tokamak，一種設計用來進行核融合的特殊裝置，蘇聯物理學家阿齊莫維奇於一九六八年提出，但至今仍未實際運作。

11 中國國民經濟和社會發展第十二個五年規劃綱要。

以上。

依賴石油倒也沒什麼，但是不能太過依賴，這樣容易受制於人，也就是處在危機之中。所以必須有備案，畢竟這個世界的本質還是叢林社會，傻白甜基本上沒什麼活路。

曾經有國家把自己的命脈壓在石油出口上，結果油價下跌，該國頓時面臨外匯不足的窘境，導致日常物資匱乏，到處大排長隊，民心動搖，很快就崩塌了。

所以中國必須在替代品上下足功夫，這也是政府大力抓住「可控核融合」科技的原因，並且已經著手在全世界布局稀土金屬礦，因為無論是現在電動車的電池，還是將來的核融合的原料，都需要大量的鋰和稀土金屬（電動車的引擎需要用稀土金屬，核融合原料「氚」的合成要用到鋰）。國內缺石油，但是不太缺稀土和鋰。一旦實現可控核融合，世界各國將會慢慢擺脫對石油的依賴，轉而尋求大量的氦和稀土，非洲則會取代中東成為地球上最富有的地區。所以說政府布局非洲的計畫並不簡單，而且非洲也蘊藏超豐富的鐵礦，中國也有投資，將來可以擺脫對澳洲鐵礦的依賴。如果中國實現汽車完全電動化，就可以大幅降低對石油的依賴，畢竟石油只能從沙烏地阿拉伯和俄羅斯那麼幾個國家取得，而電力的來源就比較廣泛了，比如光伏、水電、風電和核電，巨大的西部腹地也有了用武之地。

現在做光伏的隆基股份的股價已經漲到破表，為其供應零件的幾個廠商身價也跟著水漲船高；還有企業家籌資三十三億人民幣研發光伏玻璃。由此可知，光伏將來會越來越盛行。中國在發展光伏方面有優勢，因為境內有大量的高原地區，甘肅、內蒙古、新疆等地，千里無人煙，正好做光伏；還有青海格爾木的光能電塔等等。

而歐美一些大企業近幾年也在大力開發電動車，不少國家已經規劃出時程表，要澈底取代燃油車，他們主要的出發點是環保，中國企業目前的環保意識還不高，但歐美那些大企業是很認真的，一點都不開玩笑，就跟中國人面對「落後就要挨打」一樣嚴肅，甚至豐田的崛起，也跟環保意識有關。

就這樣，全世界形成了發展電動車的共識。

傳統汽車工業出路有限

上文提到了，中國現在的汽車持有率位居世界第一，但是很多時候是為人作嫁，每生產一輛汽車，國外企業就賺一次錢。道理不複雜，因為燃油車的引擎和變速箱有非常高的技術壁壘，中國很難突破，各種技術專利也都是他國的。在燃油車領域，中國就像長工，累死累活地生產，最後大部分錢都讓歐美賺了。有一點要特別說明，燃油引擎、變速箱突破不了，不是說研發不出來，而是沒有機會研發。任何產品在研發初期花費都比較高昂，比如前幾年電動車的價格非常高就是這個道理，特斯拉剛引進的時候，電池續航力只有三百公里，售價卻要十萬美金。燃油引擎也一樣，如果國內自己研發，初期肯定是一個品質普通、價位很高的產品，消費者不會買，企業回收不了資金，無法改進，也就無法繼續突破，再加上專利的限制。其實引擎還好，在柴油機方面多少有點成果，變速箱就基本上無解了，複雜到了極點。

中國前期嘗試了一些「技術換市場」的冤枉路，滋生出一堆躺在那裡等技術的寄生蟲——市場交出去了，技術卻沒有發展起來。所以現在發展電動車，中國就有先天優勢，畢竟電動車各國都處於相同的起點，都在嘗試，專利也處於空白狀態，現在那些很貴的零件，大家一樣貴，一樣要改進，燃油車非常複雜的變速箱則直接廢棄不用。

況且中國市場大，買電動車的人多，只要能賣出去，企業就可以不斷改進研發。比如一九六六年出生的王傳福（中國汽車大廠比亞迪的創辦人），大學學的是冶金物理化學，一九九五年創業，研發電池，不僅一直沒有落後於西方，還很快成為業界領頭羊。如果他當時去研發燃油引擎，就很難做到業界領先的水準，因為壁壘太高了。此外，還要介紹一下所謂的「工業學習曲線」，意思是生產得越多，成本就越低，電池、電動車和充電樁都是如此。

就如同學習新事物，使用得越頻繁，也就越熟練，越不需要動腦子就可以做。以吃飯為例，我們不用考慮就能使用筷子，而高級工程師寫複雜的演算法也跟一般人吃飯一樣，談笑風生間就可以寫出別人看一個星期都不太懂的東西（這個不是亂說，而是軟體大神的常規操作）。從這個角度來看，現在電動車面對的那些問題，諸如電池續航力、單價太高等，基本上都是「生產太少」所致，只要生產得多、賣得多，市場規模夠大，就會激勵更多的人才去解決複雜問題。舉一個簡單的例子，前文說過，電動車最大的成本在電池，隨著電池不斷改進和發展，近十年的價格已經暴跌了近百分之九十！接下來十年還會繼續跌。

現在看起來很複雜的問題，會吸引一大群天才去闖關，可能很快就能解決，在科技領域，這叫做「對人不對事」。同樣的問題，一堆人可能死也解決不了，但換個人立刻就解決了。這也是矽谷和華爾街都願意開出天價薪水給高級人才的原因，「一人抵一千人」這種情況在科技產業比比皆是。所以無須擔心電動車的難題無法解決，只要市場規模不斷擴大，遲早會解決的。

幾年前有個同事重倉電動車股票，他說：如果你相信電動車是未來，就不要擔心那些亂七八糟的問題，每個問題都會開出賞金讓天才去解決，所有問題都會被攻克，我們只需要相信這一點就可以了。如今他靠著這個理念基本上實現了財富自由。

所以我每每看到有些媒體感慨「電動車很難解決××問題」就不禁覺得：拜託，你眼裡的困難，是別人眼裡的懸賞金，到旁邊感慨去，不要擋了別人的路。要知道，在自由市場裡，需求是第一位。只要有人肯花錢購買，任何困難都能解決。這是企業百年難得一見的機會，用自己的市場培養自己的車企和供應鏈，如果這次錯過了，就再等一百年吧。在這波電動車發展的浪潮中，比亞迪最讓我吃驚。電動車比燃油車簡單得多，主要就只有幾個部分，電池（電池成本占總成本百分之四十）、電機、電控。比亞迪在電池方面一直保持全球前三名的水準，畢竟是做電池起家的；至於電控，比亞迪也已做到完全不仰賴海外進口。

你可以說比亞迪做得不夠完美，但不能否認它是中國汽車產業投入研發最認真的公司，也是目前為止取得最高成就的公司。在百年的汽車產業歷史裡，可以說幾乎沒有其他中國企業達到比亞迪現在的高度也不為過。

自動駕駛是電動車的未來標配

自動駕駛與電動車經常放在一起討論，是不是兩者之間有什麼千絲萬縷的關係呢？這段時間我特別去問了一個學長，他是自動駕駛演算法強人，他解釋道，現在的主流自動駕駛測試主要是搭配燃油車，不過業界一直認為，將來跟自動駕駛結合得最好的，或者說跟軟體結合得最好的，應該是電動車。

道理其實不複雜，電動車是靠電來控制電機的，整體結構比燃油車簡單得多，精細化操作和回應方面都比燃油車強大。如果說燃油車的控制精準度是把普通的尺，那電動車就是一把游標尺，非常精細，回應也快得多（一說是燃油車的十倍），天生適合軟體控制。

現在軟體和電動車的結合還不太明顯，但過不了幾年，一輛車就會跟手機似的，安裝無數的程式碼和其他模組，而且這些模組都需要大量的電力運作，所以電動車天生適合「模組化」。

從這個角度來看，未來的電動車跟傳統燃油車最大的差別就是模組化，可程式設計。如果說傳統燃油車是諾基亞 Symbian 系統，那電動車就是蘋果 iSO 系統，Symbian 系統的高端手機看似跟蘋果手機有點像，但完全不是同一個物種。

將來趨勢會越來越明顯，電動車與其說是車，其實更像智慧手機。其擴展出來的東西將越來越多，車的屬性反而會淡化，正如手機的通話功能已經淡化了一樣。這也是為什麼做智慧手機的幾大巨頭也要研發電動車——從本質上來說，他們跟電動車的血緣關係比跟傳統燃油車接近得多。特斯拉誕生於矽谷，而不是傳統汽車業製造中心底特律，就是最好的證明。

特斯拉還有一點值得觀察，特斯拉賣車就好像不打算賺錢似的，而它確實不打算靠賣車賺錢，而是要賺套裝軟體的錢，這就非常像蘋果了。而且，現在純硬體公司的股價都低得可憐，未來的趨勢是送硬體，賣軟體和廣告。換句話說，產品甚至可以免費，使用者就是企業的產品。

說到這裡，你或許會疑惑：引進外國產品，會不會影響本土企業？就結果而言不會，發展幾年之後，最終會形成一種均衡格局，有一家或幾家企業特別大，還有幾家小的。看看手機市場就知道了，蘋果再厲害，還是有很多人不喜歡，只用 Android；豐田再厲害，還是有一堆其他廠牌的車。因為你不可能打動所有人，也不可能占據整個市場。

消費市場跟社交軟體不一樣，社交軟體屬於趨同演化。比如你自己裝一個奇怪的

App，最後你和誰都聯繫不上，因為別人沒有裝，你只能裝回大家都在用的那幾個App。但消費市場不存在這個問題，總會形成一個多強並立的格局。

而且電動車市場發展起來後，會帶動一大堆周邊系統，比如華為這兩年在發展的雷射雷達。華為以前做通訊的時候對光電技術有深入的研究，現在自動駕駛領域有這方面的需求，便花時間做了一番改良，通訊領域和汽車產業就連結在一起了。所以，只要本土控制住產業鏈，那挑戰者和競爭者肯定出在本土，還有周邊配套也都在本土。

很多事情都是經過漫長的累積，然後一飛沖天，前期是線性成長，後期則是指數型成長。無論是產業還是技術，都是到達一定程度就會發生一次翻天覆地的變化。電動車也一樣，經歷了前幾年的漫長累積，而今到了質變期，市場和技術的爆發就在眼前。

我還是希望相關企業這次可以爭點氣，拿出定力來，別急著賺大錢，專心投入研發。現在整體形勢也很明顯，急著賺錢，不專心提升技術的，很快就會被市場淘汰，連小錢都沒得賺。

比如因為疫情影響，晶片生產受到重創，全球汽車產業都出現晶片短缺的情況。

每輛智慧新能源車上有上百枚晶片，關鍵領域的晶片包括感知、控制、計算、安全等，然而中國的自主研發率不到百分之五。國外一旦斷供，中國也跟著出現產能崩潰。唯一表現亮眼的又是比亞迪，因為從二〇〇一年起，比亞迪就積極進行這方面的研發，現在已經掌握了全套的設計和製造技術，基本上不再依賴海外。

17 足以引發世界危機的產能過剩

進入這個話題之前，我們得先了解一個關鍵問題：到底什麼是「過剩」？當前全世界都面臨一個難題，就是產能太強，生產出來的東西賣不出去，產能天天過剩。產能過剩導致一連串的問題，甚至資本主義國家週期性的危機，本質上也是週期性過剩。這可能和大部分人的認知相差很大，因為一般都會覺得東西不夠才會出現危機，生產太多怎麼會出現危機呢？

「過剩」之下隱藏的經濟崩壞

我經常舉以下這個例子：男人希望有五個老婆，這叫需要；但是只養得起一個，這叫「有效需求」。

同理，老王想要蘋果「全家餐」，BBA（賓士、寶馬以及奧迪）各來一輛，兩個超模保姆，住豪宅，天天吃米其林餐廳，各種潮鞋，天天逛兩趟北京SKP。

但是上述種種老王都負擔不起，只買得起小米手機，那他的有效需求就只有小米手機。套用市場經濟的術語就是，如果「買不起」，那你只能低調些。

產能也一樣，看起來似乎量很大，但如果消費者買不起，或者其他原因導致消費者不需要這些東西，那就是產能過剩。

不過，這樣一來，問題變得更加奇怪了，既然賣不出去，為什麼要生產呢？

以下梳理一遍標準生產流程，大家就知道是什麼原因了。

假設地球是一個村莊，裡面有資本家黃四郎和一堆村民。黃四郎有個工廠，他雇用村民生產自行車、臉盆，以及建造房子等生活必需品，打算將來賣給村民。

假設這些商品價值一百萬，該如何分配呢？黃四郎自己拿二十萬，給員工們分八十萬，這樣合理吧。

合理是合理，不過問題來了。員工們的八十萬無論如何也不可能把黃四郎一百萬的產品全部買下，而黃四郎也不可能把自己的二十萬全部花掉，富人在消費品方面的消費比例一直都不高，他們看起來花錢不眨眼，但是消費占收入的比例可能遠遠小於窮人。

也就是說，最後剩下二十萬的產品無論如何都賣不出去。你可能會納悶，就不能發一百一十萬的薪水給工人嗎？當然不能！如果發一百一十萬的薪水，那資本家賺什麼？所以說，只要商人逐利，就會有一部分收益不會用於消費，就會有一部分對應的物資賣不出去；這就是過剩。

從英國帶動工業革命那一刻起，這個問題就如影隨形。英國人用蒸汽機生產了大量的物資，各種床單、被套、刀子、叉子、絨毛玩具等，但是英國本地工人的薪水非常低，無論如何也消費不了那麼多的物資，富人又不可能把賺到的錢全部花光，所以多餘的工業品賣不出去，就成了大問題，那該怎麼辦？

只能賣到海外去，這就是為什麼英國拚命地在世界各地找市場。為了打開大清的市場，英國不惜跋山涉水、遠渡重洋，發動兩次鴉片戰爭。

因為只要資源足夠，英國人生產工業品的潛能是無限的，最麻煩的問題在於賣不出去。這也是英國殖民印度後，一下子變得很厲害的原因，因為印度既是英國的原物料產地，又是英國的工業品傾銷地，一舉兩得。等到印度不再跟著英國混，英國就現出了原形，變回小島國家了。

既然每個國家都面臨過剩問題，那這個世界村裡，最後總有那麼一天，所有人的購買力加總也買不完生產的工業品。所以產能過剩，東西賣不出去，工廠倒閉，工人們更沒錢，更無法消費，然後就發生全球經濟危機了。

那有辦法解決嗎？

也不是沒有。美國想出貸款給一般民眾，讓他們借錢去消費。好處是危機延緩了，壞處是出現了新的、更大的危機：民眾借錢太多還不起，引發了金融危機（二〇〇八年金融海嘯）。

按照這個邏輯思考下去就會發現一個關鍵問題：就算有海外市場，產能依舊遲早會過剩；完全「內循環」，也容易出現問題。

換句話說，海外市場不能沒有，但也要提升國內市場的地位。

中產階級是解決經濟問題的關鍵？

與其解釋內循環是什麼，不如我舉幾個例子，大家就明白了。先說一個不是內循環的例子，也就是第二次世界大戰前的德國。

德國在第一次世界大戰中元氣大傷，欠了一屁股債，日子也過不下去了。儘管工廠什麼的還在，但政府沒錢去買原料。工廠無法開工，工人沒薪水，市場循環不起來，整個國家越來越委靡。不過好在美國來了。美國貸了大筆款項給德國，於是德國工廠有錢買原料了，重新開工，生產出來的東西一部分德國人用，剩下的大部分賣到美國。

這時期的德國就是典型的出口導向經濟體，生產的東西主要賣到海外。

隨後一九二九年美國經濟大恐慌爆發，德國也跟著出事。因為美國那邊大規模破產，美國人沒錢買德國的東西，德國工廠也跟著停工，大量的工人失業，絕望之下，便把希特勒推上了總理之位。

希特勒當時想出的策略就是擴大軍工。國家發行國債，把籌到的錢投資到軍隊，讓軍隊去向企業訂貨，這樣就能調動空閒的產能。擴軍其實不稀奇，全世界都在擴軍，而且這正是凱因斯（John Maynard Keynes）經濟學的精髓。問題是，錢從哪裡來？希特勒也有辦法，既然已經擴軍，有槍在手，後續的發展就不難猜了，他先是打劫了捷克，然後是波蘭，再來是法國、蘇聯。

德國就是典型的「外循環」國家。生產出來的東西自己消費不掉，只能賣到海外。一旦海外出事，東西賣不出去，就是大規模失業，一點辦法都沒有，只能轉向軍工。武裝後的德國戰爭機器就可以去海外打劫，如此就形成了一個新的「外循環」。

接下來再說一個接近內循環的例子，也就是美國。

美國人很早就意識到了，要想持續發展，關鍵是打造一個龐大的國內市場，生產出來的東西儘量自己消化掉，這樣才能擺脫對海外市場的依賴。比如福特汽車，該公司給予員工的薪水很高，曾一度指望自己的員工將來買福特的汽車。

這個想法雖好，但實際上要執行時，恰巧遇上美國經濟大蕭條爆發前夕，資本家血腥無比，卯起來壓縮工人薪水，動不動就對要求調漲薪水的工人進行鎮壓。而當時的美國政府其實就是資本家的小弟，不僅冷眼旁觀，偶爾還幫著資本家鎮壓工人。美國工人的薪水升不上去，自然也買不完本國生產的物資。

當時全世界都指望把自己的商品賣到別的國家去，或者賣到殖民地去。比如美國就熱衷於把物資賣給中國，中國的地主們有點積蓄，就很歡樂地購買西洋玩意兒。大家在民初劇裡經常能看到的那種綠檯燈，就是美國生產的。

換句話說，美國其實也有外循環，也需要把生產出來的工業品賣出去。等到全世界所有市場都挖掘殆盡了，大量的工業品也就沒地方賣了，又出現嚴重的過剩，再加上股市崩盤，引發了美國史上最嚴重的大蕭條。

我剛才提過，德國在大蕭條的危機中轉向軍工業來吸收產能，那美國怎麼辦呢？

美國和德國的思路有點像，又不完全一樣。例如羅斯福推動「以工代賑」，也就是政府借錢做基礎建設，吸收產能和提高就業。

不過，羅斯福的政策不止於此。羅斯福後來被評為美國歷史上最偉大的總統，美國人用 FDR 來稱呼他，在美國只有深受愛戴的人才有這個待遇。如果你以為羅斯福只是推動「以工代賑」，那就太膚淺了。

羅斯福真正厲害的地方在於他很超前地意識到，整個社會如果想穩定運行，必須得有一個龐大的中產階級。透過提高工人薪水和保障福利，把社會從之前的「金字塔」型變成「橄欖球」型。

所以在做基礎建設的過程中，羅斯福大刀闊斧地拆分自由主義時代的那些工業和金融巨頭，而且開始針對大企業徵稅，推動移轉性支付，為工人階級提供保障，提高工人薪水。

而且當時勞資雙方衝突嚴重，羅斯福一改過去政府保護資本家的態度，果斷地站在工人這一邊。在著名的《社會安全法案》（Social Security Act of 1935）的聽證會上，有人高喊這個法案是從《共產黨宣言》（The Communist Manifesto）第十八頁逐字抄來的。報紙上說他要把資本家做成串燒。為了跟資本家對抗，順便打擊黑社會，羅斯福全權授權給

FBI，也就是從那個時候起，美國FBI的權勢崛起，數十年不墜。

一九二九年經濟大恐慌爆發之際，正是美國貧富差距最嚴重的時候，百分之〇．一的人竟然拿走了全社會百分之二十五的財富。百分之九十的人分全社會百分之十六的財富，人民沒錢消費，不就發生經濟危機了嗎？

但自羅斯福開始，美國施行了一堆法案，致力於縮小貧富差距，由國家來調整收入結構。從此，富人的財富占比一路走低，美國慢慢出現一個龐大的中產階級，政府還強制推行養老金，避免民眾老無所依，讓大家放心消費。這種趨勢持續到雷根上臺，美國重新大規模推動自由化，導致社會越來越兩極化，直到二〇〇八年發生金融海嘯。

眾所周知，國家介入經濟發展肯定會影響效率，所以曼昆（N. Gregory Mankiw）在《經濟學原理》（Principles of Economics）的開頭就說到，提高基本工資對經濟不利。

不過政治家理解問題更加全面一些，因為社會追求的不僅僅是效率。從理論上來說，奉行物競天擇的社會效率最高。如果都不去照顧老人，讓每個弱者自行淘汰，效率便會更上一層樓，但那樣社會很快就會崩潰，更別提效率了。

事實上，歐洲的福利制度正是起源於革命運動風起雲湧的俾斯麥（Bismarck）統治時期的德國。俾斯麥推行福利制度的初衷就是穩定社會，防止德國社會在一波波革命中灰飛煙滅。

不過單純的分配並不能解決問題，還要把蛋糕持續做大。在這方面，美國其實做得最好的就是「國轉民」。

什麼意思呢？

進入二十世紀之後，明顯出現一個問題：技術越來越複雜，難度越來越高，如果私人部門做研發，就算急死也做不出多少。比如影響整個二十世紀的幾項重要研究，像是原子能、電腦、網際網路和基因工程，都是以國家的力量集合各種資源做出來的，並不是什麼市場經濟的力量。

市場經濟真正的能力在於把這些技術變得既平價，又普及，所有人都能用，最後國家藉由稅收回收了投資，企業藉由高薪雇用員工提高了社會就業率和工人收入，社會效率也大幅提升。

美國透過一連串高效運用市場經濟規律的操作，成功從巨大的工業國，蛻變為一個內需市場龐大的工業國，實現了真正的內外雙循環。

只不過千禧年之後，美國發生了巨大變化。大量的美國企業變成跨國公司，搬到海外。相應地，美國本土逐步空心化，這也造成了現在美國社會的極度分裂。

擴大內需市場建立雙循環

很顯然，要把「內循環」做起來，需要有系統地進行，非常複雜，而且不是在短期內就能搞定的，很可能要到二十年後才能明白現在這個政策的意義——正如現在的房地產政策。

為什麼說這件事複雜呢？

舉例來說，單純提高工人薪水，確實是會增加消費，但有損於本土產品的海外競爭力。如果為企業減稅，企業帳上多了一筆盈餘，會為員工調漲薪水嗎？可能會，不過從過去的經驗來看，中國企業的第一反應基本上都是去買房囤著，如此反而推高了房地產價格。美國企業曾於減稅後去回購股票，來推高股價。

那如果為中產階級減稅呢？

中產階級又分成好幾個等級，比如年收入六十萬人民幣（臺幣約二百六十七萬）以上的也是中產階級，年收入五～十萬人民幣（臺幣約二十二～四十四萬）的也是中產階級（依照美國的定義，滴滴司機就算中產階級，滴滴司機大致算五萬人民幣的年收入吧），你統一為他們減稅，但各個階層的反應差別很大。

比如，一個年收入一百萬人民幣的家庭退稅十萬，這一家人會用多出來的錢去超市買水果、買衣服增加消費嗎？有可能，不過最有可能是去買海外奢侈品，或者直接去海外旅遊，錢花到國外去了，變成外循環。

你給年收入三十萬人民幣的家庭減稅，或者補助，他們有什麼反應？會去海南島的三亞旅遊？買雙鞋？買個玩具給孩子？有可能，不過更可能存下來準備買房，畢竟旅遊和買玩具他們原本就支付得起，不願意支付是因為想存錢買房，買了一間還想再買一間。

如果你想為低收入戶減稅，你可能會驚訝地發現他們根本沒有繳稅，有什麼可減的？直接發錢？這個倒是可以，而且他們很願意消費，問題是這個措施政府已經在做了。

此外，推動社會保險體系，政府也做了很多年，未來不用說也會繼續做下去。

那現在還缺什麼呢？

有關部門也看出來了，正是技術移轉。公部門指導投資技術研發，然後將技術成果轉給私部門來平價化和市場化，最後便衍生出一堆公司。

這方面過去已經有成功經驗，比如行動網路，就是一個典型的「政府搭臺，企業唱戲」，且成熟的「內循環」案例。

道理不難理解，政府當初投資了一些錢，把行動網路系統搭建起來，然後一堆網際網路公司便如雨後春筍般冒出。這些網際網路公司塑造了中國現在的新面貌，提供了大量的高薪職位，還創造了一些周邊工作，比如快遞員和電商從業人員等。

一般來說，「中產階級」是介於窮人和有錢人之間，所以依照美國的標準，開計程車、修下水道的人，都是中產階級。

在中國，中產階級大概是年收入五～一百萬人民幣的人。而且剛才也說了，三個年收入十萬的人，肯定比一個年收入三十萬的人，對經濟循環的貢獻更大；六個年收入五萬的人貢獻會更大，所以擴大中產階級的規模，指的是年收入五萬的中產階級，而不是年收入三十萬的中產階層。

行動物聯網（IoT）在這方面無疑表現得最好，向大眾展示了什麼叫「技術帶動經濟」，創造了幾千萬個相關工作機會。說一個題外話，大家覺得行動物聯網的範圍有多廣呢？

前陣子一個製作影片的自媒體人跟我說，他本來在大城市上班，有十幾萬粉絲，後來無意間向網友推廣了老家的手工竹器，現在老家的手工竹器賣得非常好。以前老家每戶每年收入不到一萬人民幣，現在已經有三四萬了，後續會更好。這說明科技創新的觸手已經伸入偏遠鄉村。

總結來說，所謂內循環，短期靠移轉，長期靠科技。也就是短期靠中央財政向基層移轉財富，提升基層的消費能力，一方面改善民生，一方面消耗本土的工業品。脫貧政策的意義也正是在這裡。

但是這種做法無法從根本上解決問題。最關鍵的還是需要科技突破，做出幾個新的爆點，像行動物聯網一樣，催生出一大堆新公司、擴大高收入階級和更大規模的中產階級。

至於過去熱議的房價問題，我隱隱約約覺得可以借鑑先進的模式。

我曾經以為新加坡房價很便宜，去了之後才知道不是那麼回事。新加坡政府建設了平價住宅，如果民眾願意就可以去住。平價住宅旁邊就是豪宅，非常貴，比北上廣深都貴，新加坡的有錢人就住在那些豪宅。

今後關係民生的那部分房價應該會慢慢平復下來，比如二三四線城市的非核心區，每年漲幅可能跟通貨膨脹差不多。但是還有一部分房產價格會貴到讓人懷疑人生，比如一二線核心區，澈底金融化。不然有錢人的錢要花去哪裡？全世界都有個共同點，就是一有錢就購置豪宅。如果沒有高端房產，有錢人就跑去國外置產了，這對國家來說，也是一種財富外流。

而且今後進口替代會進一步加劇，也就是說，一些國外高端奢華品牌，要慢慢以國產品替代。中國工業品儘管發達且門類齊全，但中國有錢人消費的高端物品還是依賴進口，比如好幾千人民幣一把的菜刀，兩千人民幣的琺瑯鍋，一萬多人民幣一頂的帳篷。

最後的目標是：窮人國家補，富人國內花；科技要突破，進口要替代。

所以說，這個過程欲速則不達，只能循序漸進，而且公部門也只是拋磚引玉，透過稅收之類的來激勵，真正的操作，還是得依賴一波又一波強人去執行，一般是十年一個週期，二〇一〇年的中國和現在完全不一樣，不出意外，到了二〇三〇年又是另一番天地。

內外雙循環這種事早就應該做了，而且是大方向。已開發國家都得有個強大的內部市場來消化產能，不然境外一出問題，境內就無法過日子。

而所謂的「出口導向」有太多受益者，如果想改變這種導向，平常無法操作，只能在危機時期操作，類似美國南北戰爭之後遭到封鎖，才被迫發展太平洋航線和國內市場；大蕭條爆發後才被迫調整貧富差距。每次經歷巨大危機，國家才會思考怎麼避免這類問題，平時根本不會去想，就算有人提出來也會被笑是「杞人憂天」。

以前對內部市場不夠重視，未來可能要當作國家安全問題來看待了，有點像糧食問題，以前是「別人不賣你糧食怎麼辦」，現在是「別人不買你的工業品怎麼辦」。

總而言之，危機就是轉機。必定是過往的路線走不下去才產生危機，這時候就不得不跳脫舒適圈，去做那些艱難的事，解決複雜的問題，才是進步之源。

18 負利率國債熱賣背後的隱憂

負利率國債本身並不複雜，但我想藉此契機說說我對「負利率時代」和「微成長時代」的看法。

負利率的國債為什麼有人要買？

國債好理解，國家需要錢，開了張欠條說是想借錢，你把錢帶過去，國家收錢把借條給你；五年期國債就是五年後還你，十年期國債就是十年後還你，而且會支付利息，大概就是這樣。那什麼是負利率國債呢？一目了然，國家發了一萬塊的債，說是過幾年還九千塊。照理說，正常人應該都不會去買，不過現實中不但有人買，而且還瘋搶。二〇二〇年中國發了一批利率為百分之負〇．一五二的國債給歐洲，結果迅速被搶光。那問題來了，歐洲人為什麼這麼想不開？

並不是歐洲人腦袋不靈光，只是歐洲自有其國情。

歐洲現在是負利率，錢存在銀行裡還要收管理費。說到這裡大家可能會納悶，那乾脆放家裡好啦，又不是不能放。確實，德國一度保險箱賣到斷貨，民眾不滿地把錢從銀行取出來放在家裡。但是幾萬、幾十萬可以放在家裡，那如果帳戶裡有幾百、幾千億，類似養老金、主權基金什麼的，多大的保險箱能放得下那麼多錢？而且那麼多錢放家裡，是不是得再雇個保全團隊看著這些錢？那不還是得花錢嗎，還不如放銀行裡。雖然放在銀行裡就得交管理費，但大家一權衡，交就交吧，負利率就這麼產生了。

而中國發行的國債儘管也是負利率，不過比歐洲的國債利率還要高一些些，既然買哪裡的國債都會賠錢，不如買中國的，還可以少賠一點。

更關鍵的是，現在全世界都在瘋狂發行貨幣，中國相對來說發得還算少。而且，隨著中國經濟強勢復甦，各國都會需要中國的貨幣跟中國做生意，人民幣像中國的房子一樣會升值，歐洲人估算著等人民幣升值後就可以賣掉變現。然而歐洲人這種操作，基本上是在做空歐元。

此外，國債有個「貼現率」（Discount Rate，又稱折現率）的說法。也就是說，你買了一張國債，在到期之前如果有急用，就可以先賣掉，這張債券說不定屆時已經升值，偶爾也能賣個好價錢，甚至賺點錢。

總之，歐洲人買中國的負利率債券不會賠。

但本章想講的重點不是國債，而是想跟大家繼續分享負利率情況下會發生什麼事。

消費欲望降到冰點乾脆躺平

中國很多青年對歐洲和日本非常嚮往，但從現狀來看，那些國家面臨很多麻煩。最大的麻煩，莫過於這些國家的國民既沒有消費的意願，也沒有創業的衝動。

日本沒有消費衝動主要是人口老化太嚴重，而且社會階級僵化、流動性極低，導致大家都是一副「得過且過」的模樣。用日本人自己的說法，是二十世紀日本經濟發展的速度太快，脫軌了。當初教育下一代用力過猛，上班太過拚命，把年輕人嚇到了，以至於年輕人既不想生孩子，也不想拚命上班。

這種趨勢也出現在中國，一些年輕人奉行「不婚不育主義」，與日本如出一轍，重點就是「生活太難了，生孩子幹麼」。此外還有極簡主義，或者稱之為「性冷淡」主義。

至於歐洲，有人說是福利太好，以致人民失去了奮鬥的意義，相當於走到了日本的另一個極端。效果倒是差不多，兩邊的國民都不生孩子，無欲無求。

有孩子的人都知道，家裡大部分的錢都花在孩子身上，一般成年人開銷並不大。像我這樣的科技宅男，平時加個油，買個電子產品就是全部開銷了；電子產品如果沒有明顯的升級，也不會隨便換。

女性年輕時花錢比較多，到了三十幾歲之後花錢欲望也明顯暴跌。

但是有了孩子就不一樣了，家長在孩子身上花錢從來都不吝嗇，孩子又特別能花錢。以北京為例，上千萬的學區住宅、非常貴的補習班、每年帶孩子去旅遊……相較之下，為孩子買幾件名牌衣服反倒不算什麼了。總之，再有錢的家庭，在培養孩子方面都嫌不夠，如果真的是億萬富翁，還可以捐個一億給哈佛大學，將來為你家孩子保留個名額。

或者出現類似智慧手機、網際網路、自動駕駛這樣的黑科技，整個社會更新一波，也能大規模促進消費，進而帶動經濟發展。

想當初智慧手機剛問世的時候，全社會都扔掉了可以砸核桃的諾基亞，換上了智慧手機，掀起一波消費狂潮。後來行動網路興起，又催生了一堆厲害的公司。不過現在明顯趨緩了，因為智慧手機沒什麼新東西可以升級更新，也就無法刺激消費，大家經常一個手機用五六年，手機產業的格局也就穩定了。

總括來說，經濟最終是靠消費帶動的，而消費的動力主要來自三方：一是孩子，二是年輕的女性，三是技術更新疊代。

換句話說，人口老化、孩子越來越少、技術停滯的社會注定沒什麼消費能力。既然消費動力不足，創業積極性也非常差，經濟就好不到哪裡去。

日本自一九八〇年代末期經濟泡沫化以來，經濟成長就非常緩慢。而且，十幾年前最好的東西往往都是日本製造的，SONY的產品在十幾年前相當風靡。但現在市面上的日本製造越來越少，越是年輕人越對日本無感，反倒是三四十歲的中生代對日本念念不忘，因為他們出生在日本製造橫掃全球的年代，於是受到深刻的影響。

另外，與中國翻天覆地的變化不一樣，日本過去三十年的變化非常小，而且錯過了行動網路時代，現在也沒什麼能上榜的日本超級網際網路公司。

如今的日本人有多佛系呢？其他國家都怕通貨膨脹稀釋財富，只有日本，政府天天宣傳再不買就漲價了，就是要讓大家恐慌，恐慌了好去消費、去投資，最好能買車、去旅遊、去創業，沒錢政府就貸款給你。

但是日本人民的心態就像是進入了賢者模式，天天玩極簡。戀愛不談，孩子也不生，政府超額發行的貨幣全堆在銀行倉庫裡，人民那種狀態就好像在說「我都快要斷子絕孫了，你還跟我聊通貨膨脹」。

歐洲也差不多，和日本算是殊途同歸，現在的狀態差不多，大家消費欲望很低，生孩子欲望也不高，創業衝動也馬馬虎虎，畢竟大家都不花錢，你創業生產出來的東西賣給誰？

最後的結果就是銀行想不要利息地借錢給大家，但大家都不要。銀行為了逼著大家去花錢，把利率降成負的，誰要是存錢就跟誰收管理費。即使如此，大家依舊不花錢。

大家都不花錢，誰要是創業就是自掘墳墓，所以也沒人貸款創業。歐洲和日本的貸款利率比中國低得多，基本上相當於無息借貸，可都沒人去貸款。

然而在中國，民眾為了貸款搶破了頭，貸款買房，貸款創業，甚至貸款炒股。也正是因為大家都搶著貸，所以中國的貸款利息維持在高位，看看深圳、杭州那些排長龍申請貸款的人，再對比歐洲、日本的情況，簡直不敢相信是發生在同一個地球上。

面對微成長時代我們能做些什麼？

負利率僅僅發生在歐洲、日本嗎？其他國家呢？

從現在的情況來看，負利率就像是個大坑，擋在全人類面前，基本上誰都繞不過去。不過其他國家跟日本、歐洲還是不太一樣，比如美國，也是飽受貨幣發行的困擾。中國這些年貨幣發行得少，但是美國發行的貨幣大量湧入中國，兌換成人民幣，為中國經濟帶來不確定性。經常聽人說，中國M2[12]又擴張了××倍，其實大部分都是從美國來的，美國現在正在向全球輸出M2。

再加上這些年經濟景況不好，為了活絡經濟，銀行貸了很多款項出去。不過這些錢主要集中在富人手裡，他們拿去買房、買資產、買股票什麼的，並沒有透過做生意轉到基層民眾手裡，所以股市、房地產持續走高，超市裡的商品價格變化卻沒那麼大。之前不知道從哪裡聽到一句話：「富人通貨膨脹，窮人通貨緊縮。」就是在形容這

12 M2（廣義貨幣供應量），指流通於銀行體系之外的現金加上企業存款、居民儲蓄存款以及其他存款。包括一切可能實際用於購買的貨幣形式，通常反映的是社會總需求變化和未來通膨的壓力狀態。

個現象。

再加上整體投資機會越來越少，畢竟人們從銀行貸款去創業或者做什麼，必定是希望能賺錢，如果搭上科技趨勢、有暴利，那無論貸多少錢都還得起，還能承擔高利息。現在網路科技缺乏新趨勢，整體格局也差不多定型了。網際網路大廠連菜市場的生意都搶，大部分產業跟餐飲業一樣，一片紅海。十家創業九家賠，跟炒股似的，創業機會明顯變少，民眾對貸款的需求沒那麼大了，慢慢也就不敢去創業了。

不過，多數人都希望貸款去炒房，只是這件事對於國家來說風險太大，而且以前在大城市買房的主要是沒房的人，現在買房的都是手上已有好幾棟房產的人，沒房的人反而買不起，所以政府三令五申不要讓貸款流入房地產，因為流入房地產除了推高房價，不會創造出額外的價值。所以中國的利率也以肉眼可見的速度下滑，比如餘額寶，二〇一四年的利率高達百分之六，到二〇二一年利率已經跌到百分之二了。

如果用一句話概括負利率時代，那就是：增長緩慢，機會稀少，誰都不想花錢，創業也賺不到錢。

那整個社會太平了不好嗎？大家跟日本一樣，歲月靜好，不好嗎？

當然沒這麼簡單。比如富豪有大量的錢無處投資，放在手裡因通貨膨脹貶值，存銀行也賺不了錢，最後思來想去，只好去追逐那些少數的優質資產，最後把那些資產價值炒到天上去了。

看看一線城市的房子、茅臺股票什麼的，價格高得讓人懷疑人生。可能再過幾年這些優質資產的價格還會更高，就跟比特幣一樣，天天刷新我們的認知。將來漲上天的是不是茅臺我不知道，但是優質資產被炒上天應該是無庸置疑。

美國也一樣，幾個巨頭的股價也要飛上天了，一個公司的資產抵一個國家的財富。那斯達克（NASDAQ）二〇二〇年漲得那麼高，其實主要是被蘋果、微軟、亞馬遜、google、臉書和特斯拉六家公司給推高的。

但是這些錢在金融市場空轉，根本進不了實體（也是因為實體不賺錢），所以並沒有惠及基層民眾。

由於市場上缺乏機會，往後兩極化會成為主流。所有領域、產業，乃至整個社會，都是中間溶解，財富向前端集中，中產階級變少，也就是貧富兩極變多，形成「M型社會」。

不過這股趨勢如果控制得當，說不定還有救。

二〇二一年年初股市熱議的話題之一是滬指[13]從三千漲到了三千五，看起來形勢大好，可是對許多人而言，則是遭受了一波股災，畢竟只有少數龍頭企業一直上漲，剩下的公司不但沒漲，反而一直下跌，因為這些股票的籌碼也被抽出來投入龍頭企業了。

這其實就是微成長時代的表徵，在未來很長一段時間裡，這種兩極化會越來越明顯，只有幾個產業能保持迅速成長，其他產業則會陷入長期的緩慢成長，甚至停止成長。現在其實很多產業的從業人員已經感受到產業停止成長的效應，比如很多產業的薪水十年不漲，但是網際網路巨頭的薪水卻屢創新高。

科技必須快速突破，不然整個社會都會遭殃。在過去十年的網際網路浪潮中，市場上增加了將近兩億個工作機會，但現在網際網路紅利基本上已經耗盡，得等待下一波紅利。

不過在等待科技突破的同時，也不是無事可做。比如我在前文反覆提到的「社會活力」、「消費能力」等方面，都可以有所作為。縮短貧富差距，精準助貧，讓利給基層，人民手裡有錢，才能推動消費；有了需求，才有工作機會，才能避免錢在金融市場

13 即上海證券交易所綜合股價指數。

空轉，卻在實體經濟中找不到可投資的標的。

真正可以依賴的，是巨大的內需市場。社交電商的崛起，也是在這個背景下，巨大的市場只要稍微開發，就是海量的資源。再往前推一步，助貧也是這個道理，「每一個人自由發展是一切人自由發展的條件」，給每個人發展的機會，才是最大的福利。

無論如何，我對未來還是抱持樂觀，畢竟只要大家不澈底消極到過一天算一天，那情況就不會太糟。

由於人生命所限，看不到更大的局面。其實從整個歷史的角度來看，世界一直處於週期之中——衰退、復甦、崛起。甚至利率漲跌，都跟潮水一樣潮起潮落。有種說法是，人類現在處於一九八〇年代開啟的那個週期的尾聲，所以就跟進入「新紀元」一樣。不過日子總得繼續過下去，希望大家在了解世界的殘酷後，依舊保持樂觀向上的態度。

19 疫情寒冬下乘勢成長的新勢力

中國史學家在記錄歷史時，有意無意把一部分關鍵史實忽略了，比如中國的貿易史，以及在世界貿易中的關鍵地位等，史書中少有提及，讓大家誤以為中國在過去上千年裡都獨立於世界市場之外。

其實如果去看看國外的研究專著，就會發現中國不但不是獨立於世界市場之外，甚至和世界一直緊密聯繫。

產業的廣度與高度缺一不可

中國有兩條商道連接著西方，一條是西北的河西走廊，另一條是南海的海上絲綢之路。

古代的強漢盛唐，中華男兒長期在西域奮戰，並不像有些書上寫的，只是為了皇帝的虛榮，恰好相反，他們是用武力去保護商道，藉由商道來獲取利益。

唐朝在西域的貿易那麼昌盛，長安城裡到處都是胡人，生活在商道上的吐蕃也一度非常厲害，而中亞也因中國和西方的貿易厚利豐厚。

長達上千年的時間，中國一直在參與世界市場，不僅參與，還是其中的重要組成。歐亞大陸像個扁擔，一頭是歐洲，一頭是中國，中間是中亞，中國物資長期透過中亞貿易路線到達歐洲，中亞從中賺取差價，在整個中世紀富得流油。可想而知，在過去的歐亞大陸上，貿易有多麼頻繁。

大航海時代來臨後，東西方貿易開始走向海路，不再路過中亞，中亞迅速衰敗。

縱觀整個歷史，中國都是生產大國，不僅生產的東西賣到全世界，中國工藝更代表了古代的最高水準。甚至聲稱「片板不得下海」的明朝，也向海外輸出了大量瓷器、茶葉和絲綢，把英國人都「帶壞」了，喝茶也成了他們的每日所需，而且一直喝到現在。

英國人一開始喝中國產的茶，後來嫌貴，就把福建茶樹移植到印度種植。例如印度的阿薩姆奶茶。阿薩姆是印度東北部邦國，水土適合種茶樹。英國人偷學了中國的種茶技術後，帶到阿薩姆，讓當地人為英國種植。

事實上，中國歷史上幾乎所有盛世，都是與世界市場緊密聯繫的時代，並從全球貿易中不斷獲取收益；中國在東西方貿易中長期占據著核心地位。

中國強大的生產和貿易國地位一直持續到十八世紀。哥倫布發現美洲新大陸，促使歐美開啟了大西洋三角貿易，這個貿易圈更強大、更有潛力，世界貿易的重心於是轉到了盎格魯撒克遜人手裡。而中國由於自身人口資源的內捲化而日漸式微。

但歷史並未到此結束。

中國經歷了痛苦的兩百年後，終於走出陰影，重新入場，逆勢上揚。

從一八四〇～一九五三年，中國打了一百多年的仗，期間遭受世界列強反覆入侵。從一九四九年到現在，中國發展了七十多年，尤其在後四十年間，經濟快速發展，如同狂奔的巨象，讓全世界震驚不已！

如今中國在全球工業全門類方面接近無敵狀態，這種迅速發展的情形，只在泛儒家文化圈的東亞國家如韓國、日本才發生過，在其他人口略具規模的國家從未出現。

現在，在產業分佈的廣度上，中國有三十九個工業大類、一百九十一個中類和五百二十五個小類，是全球唯一擁有全部聯合國產業分類工業門類的國家，能自主生產從服裝、鞋襪到航空航太、從原料礦產到工業母機的一切工業產品，能滿足民生、軍事、基礎建設和科研等一切領域的需要。

於是，過去兩千年反覆上演的一幕又發生了，只不過這次不是金銀，而是美元，商品向西，美元向東。

在產業高度上，中國工業產品的品質和技術水準也不斷攀升，在全面占領中低端產業的同時，也向高端產業進發，在各個領域取得世界領先的地位。

儘管在中國古代，生產的東西都是「精工」的代表，羅馬元老院元老們的制服就是中國絲綢製作的，英國貴族家家都擺著中國瓷器。如今，「中國製造」有了新的含義，在資訊科技領域中國又走到了世界的前列。

二〇二〇年，騰訊擊敗其他美國公司，為聯合國提供關鍵資訊技術相關服務，乍看是個孤立事件，但長期來看可能是個標誌性事件，標誌著中國資訊科技水準進入了世界前鋒。中國錯過了前兩次工業革命，如今終於趕上了資訊革命，並站在浪潮頂端。

日韓當初也是這樣崛起的。先承接歐美外包產業，然後在這個基礎上專注創新，最後在高端產業直追歐美，切下了屬於自己的那塊蛋糕。現在有幾家中國公司在這方面也做得很好，甚至超越歐美同行。

而日韓在崛起過程中，也一直伴隨著各種質疑。這些質疑有些來自歐美，有些來自國內陣營，但依靠東亞人的堅韌和聰明，日韓都打出了自己的一片天地。

如今中國也有了躋身世界一線的公司，而且這些公司都擁有史無前例規模的用戶，這也是中國在抗疫過程中經濟持續上揚的本錢。

生產與組織改革在即，你跟上了嗎？

這次騰訊和聯合國合作，也代表了一種趨勢，亦即遠距辦公的新時代來臨了。遠距辦公並不稀奇，但新冠疫情無疑加劇了這種變革。有點像當初石油問世幾十年後還沒什麼市場，直到英國海軍為了應對德國海軍的挑戰，把所有軍艦都換成以石油為能源，石油時代才真正降臨。

這次疫情很多人將之評價為「黑天鵝」，但著名美國投資人達利歐提出不同說法，我覺得非常有道理。他說，這種事在人一生中不怎麼常見，因為我們活得太短，但從整個歷史進程來看，類似這次疫情導致的社會休克十分常見，每隔一些年就會發生一次，只是這所謂的「一些年」，比巴菲特（Warren Buffett）的歲數還要長，所以顯得很不常見。

正是因為大家都沒注意到這個「週期性來訪的不速之客」，各種組織基於生產和組織方式不同，疫情造成的傷害程度也不一。比如，工廠停工、餐館停業，線下企業痛苦不堪，但很多適應性好的企業卻幾乎不受影響，還逆勢上揚，比如線上遊戲公司就迎來了一波紅利，遠距辦公 App 也逆勢上揚，此外還有線上蹦迪、線上 KTV 等。

既然有人獲益，有人倒楣，那麼必然會導致社會重組，也逼著企業主尋求突破，改進自己的企業模式，追求業務不間斷。

這次聯合國以身作則，類似聯合國這種世界頂級的傳統機構都做出了那麼大的變革，其他機構也將跟著改變。這段時間，我身邊就有人對這件事感悟很深。

前幾天一個朋友說，他們公司在疫情期間一直沒能開工。儘管是軟體公司，但公司自己的軟體屬於專用軟體，不進辦公室就不能辦公事。但業務不能停啊！所以這段時間，他們專案組幾個人拉了個小群組，在家裡上班，天天開視訊會議，竟然接了個外包軟體的專案，還做成了，疫情期間收入非但沒下降，反而大幅上升。

他們幾個現在已經無法想像再進辦公室上班，希望每天穿著睡衣在家工作，用電話會議組織一個沒有集中辦公室的公司，類似去中心化組織。

此外，疫情期間，一些知名自媒體人也成功做到了逆勢崛起。我知道的一個自媒體平臺，原本就是個鬆散的組織，成員有二十幾個，分散在世界各地。每天這些散布世界各地的小編，把從當地採集的有趣資訊，在社群平臺上跟其他人分享，這個平臺就是他們的辦公平臺。而且，他們幾個成立自媒體的契機就是某次在社群裡聊天，然後在社群平臺上慢慢做大。大家平時各自搜集資料，然後討論整理，再發布出來。他們不論在哪個社群平臺上的內容，都是以這種方式生產出來的，從來不依賴集中辦公，也因此在這次疫情中，這個自媒體平臺能不受影響，正常運轉。

另外，線上科技會重新定義公司，公司不再是辦公大樓，正如工廠不再是十九世紀的血汗生產線一樣。使命驅動的自組織管理理論早就存在，相關技術工具這幾年也陸續成熟，二〇二一年是個標誌性的轉捩點，後續很多組織形式都會向這個方向靠攏。

這種組織一般稱為 OKR（目標和關鍵結果），依賴創意的自由軟體聯盟、自媒體、駭客組織、廣告小組和無國界醫生，還有很多 NGO（非政府組織），都是這種組織架構，組織內部的人員很可能從來沒見過面，但是協作得非常好。

此外，美國現在也有多個跨國項目，比如 google 研發的那個著名的智慧狗，其中負責平衡的關鍵專案，就是美國和歐洲科學家分散在多地辦公協作的。而且 google 在北京、上海組建的機器學習實驗室，也是透過視訊會議平臺和北美總部協同。

至於軟體工程師熟知的GitLab，也是一家純線上的遠端辦公公司，這家公司在全球六十多個國家雇用了一千多名員工，卻沒有任何辦公場地，大家都在家裡上班。

這也是為什麼在這次疫情期間，美股暴跌，而辦公軟體類公司的股價卻持續上漲。

不過，如果你覺得在家辦公效率不高，只有被人看著效率才高，那你從事的可能不是「使命驅動」的工作，也就是並非你所熱愛的事。

當然，絕大部分人都愛清閒，我也不太愛自己的工作。但我除了工作還有寫作，我在家工作效率確實也一般，在家寫作卻效率驚人，而且不知疲倦，經常大半夜跟世界各地的朋友打聽他們那邊的情況。

所以從某個角度來看，這就已經實現了「網際網路共用」。

我們以前說生產資源歸資本家所有，可現在你只要願意，網路資源到處都是，且極其廉價，基本上是按需分配，就連企業版軟體也能非常廉價地取得。只要伸出你的小手去整合，再生產，你就是企業主。這也就是所謂的科技賦能，小人物也不例外。以前組織一個上千萬人的聚會足以耗盡一個國家的財力，但是現在一些素人部落客就能做到，這才是這個時代的奇蹟。

毫無疑問，在過去百年之中，對人類意義最大的幾個發明，都是用來拉近人與人之間的距離、降低運輸成本。在不遠的未來，虛擬空間承載的價值就會超過物理世界，畢竟在拉近距離方面，網路有天生的優勢。

辦公室打卡的工作模式很快就會被虛擬的工作空間取代，完全取代有點困難，但占比會飆升，而且比你想像的要快得多。

當然，不只是這類小公司這麼玩，大公司也這麼做。

類似國家級路由器、手機App的伺服器和購物網站等等，都是全年無休。尤其是你手機裡那些常見App，業界稱之為「超級App」，無論哪一個的使用者都上億，背後是跟廣場一樣的刀鋒伺服器，這些業務都不能停。那麼面對這次疫情，這些公司是怎麼做的呢？

這件事我正好很了解，因為我在其中一個大廠負責兩個專案。整個春節期間，業務一秒鐘都沒斷過，有個大型團隊一直在背後支撐。在這個過程中，有人在武漢隔離，有的在北京，還有幾個在海外，工作全部依靠線上溝通和線上會議來安排與推進。因為我們以前就是這麼做的，所以現在加大力道繼續做線上業務，一點問題都沒有。

我看到問答網站上還有不少人在討論線上辦公的合理性什麼的，覺得有點搞笑。這就好像在一八〇〇年討論蒸汽機是不是很不合理、在一八七〇年討論電力是不是個糟糕的發明一樣。我們已經被逼到了那扇「門」面前，你能擠過去就是新天地，廣闊且大有可為。

所以，雖然這次疫情絕對是一場災難，但遠遠不只是災難，也是一次機會！像騰訊這樣的公司，在這次疫情中透過向國內外提供線上技術支援與服務，獲得了大眾的認可。疫情也將逼迫其他企業做出革新，後續也會有越來越多新組織，其中的人員平時各自上班，業餘時間則透過網路組織起來共同經營事業。我知道一個知名自媒體就是這麼運作的。他們幾個作者利用業餘時間，有人寫文案，有人錄音，有人做影片，彼此透過網路線上溝通和測試，共同經運這個自媒體。

所以說，科技本身從來不只是科技，正如蒸汽機原本是用來替煤礦坑抽水的，電腦原本是用來計算導彈軌道的，但這些科技都改變了人類的整體面貌。遠端會議工具的普及，也會帶來全新的組織形態，更高效、更複雜、更靈活，這也正是這類龍頭企業的職責與優勢。

如果回到二〇一〇年，你跟我說聯合國用的是騰訊軟體，中國經濟規模會發展到這麼大，直播電商一天能賣好幾億，幾千萬人擠在一起看直播，我可能會覺得你瘋了！但事實就是如此，世界已經變了。

我相信接下來的十年同樣是意想不到的十年。疫情固然殘酷，但也會淘汰一部分競爭力弱的企業，而競爭力強的企業相當於挺過了一輪週期，在隨後的日子裡變得更強大，線上虛擬業務也將前所未有地蓬勃發展。

有些東西在衰落，更多東西在崛起。不過我並不準備說服誰，因為不管你是悲觀還是樂觀，長期看來，你都是對的。

PART 6
突破環境困局向上成長

艱苦奮鬥的目標不是一直艱苦，做低端製造業的目的不是一直低端。產業升級既是被迫，也是順勢而為。

20 面對外資出走潮別自亂陣腳

二〇二〇年四月，網上有消息稱，美國政府提供資金要求企業離開中國。這意味著什麼？我特別研究了一下，初步判定意味著三點：

一、一般大眾還沒有上外網求證的好習慣，因為當時美國和日本根本沒具體提出要求，只是建議[14]。

二、一些人看到這個新聞竟然歡欣鼓舞。除非你移民了，否則有什麼值得高興的呢？這個世界向來如此，收益是自上而下分配的，成本是自下而上承擔的，一般大眾為什麼狂歡？高興自己被收割？

三、就算這件事真的成真，這些企業也撤不走。

14 此篇文章於網路上首次發表時，美日尚未具體執行。

我們一件一件說。

證據確鑿還是杞人憂天？

這則新聞我去外網反覆查了一下，甚至查了白宮的新聞網，什麼也沒看到。後來才反應過來，這件事該不會是美國某些人的個人觀點，卻被網路小編看到，然後亂改一通呈現在大家面前吧？所以我就找了一下新聞，還真的找到了。

原來是白宮的經濟顧問庫德洛（Lawrence Alan Kudlow）的建議，被國內媒體當成美國政策了。

確認之後，我再看看那些網路小編一本正經，說得繪聲繪影，簡直就是魔幻現實主義。此外，如果你跟我一樣，近十年來一直在關注這類新聞，就會發現每年都有一大波「撤資潮」。社會大眾各種「震驚」，說這次真的要撤資了。但看一下過去的資料就會發現，那些企業不僅沒撤資，反而每年都在追加，只是和上一年相比，有時候多了，有時候少了。這種招數多見識幾次，相信大家就會和我一樣淡定了。

不過說到這裡，不少人可能會問，如果庫德洛的建議最終被採納了，會發生什麼事呢？那我就來說說那些企業到底可不可能搬走。

外企真的有辦法撤離中國嗎？

要了解外企撤離中國的可行性，就要先了解他們當初為什麼要到中國。就像你北漂十幾年，你媽讓你趕緊回鄉下去，你會不會回去？基本上要看兩個因素：

一、你北漂為了什麼？

二、現在回去你能做什麼？

外企也一樣，他們為什麼到中國？難道是因為同情第三世界人民的生活狀態，致力於改善中國人民的生活水準？當然不是，他們到中國是為了賺錢，正如他們當初跟清朝打仗是為了錢一樣。

我發現很多人還是孩子氣，外國人跟你做買賣，不是看你長得帥，也不是怕你沒工作，人家是想賺錢，都是沒有感情的賺錢機器。只要有錢賺，資本方根本不管你是誰，更不會因為敵視你就不跟你做買賣，那是未成年小朋友的思考方式，成年人可不是這麼想問題的。

那為什麼來中國能賺到錢呢？其實不只是來中國。西方大規模向第三世界移轉產能，開始於一九六〇年代，也就是距今六十多年前，最初是向「亞洲四小龍」移轉。當年香港迅速崛起，有一個原因便是承接了一部分西方的產能，生產衣服、皮包什麼的。

香港過去以製造業為主，回歸之後，香港的企業家看到內地成本低，就把製造業搬到內地。

最初是在深圳蛇口，那裡的有關部門劃了塊地給香港企業家，讓他們在那裡雇用內地民眾，製造出產品後再賣回香港；這塊地就是深圳的起點。

後來香港所有的製造業都跑到內地來了，香港慢慢轉型成貿易型經濟體，專心當中間商賺取差價。這個錢好賺，但問題也很明顯，無法惠及大多數人，仰賴金融的國家或地區都急劇地貧富兩極化。

所以，工業向亞洲移轉，不言而喻的一個原因是「成本」。「成本」就如同市場上的重力，在其作用下，產能會一點點向成本低的地方聚集，最後集中到中國這個人口大隊裡，這完全符合市場規律。當然，單純成本低也不行，需要工人素質達到標準。南亞國家基礎教育都不太行，人多，但是素質難提升。我們一般說「工業人口」，說的不單單是人，還得是受過教育的人。

在中國，你花五六千人民幣就可以雇到大學生，折合一千多美元，但這在美國，你連半文盲都雇不到。

我所在的產業也很明顯。我是做手機作業系統的，之前錄用了一個年輕人，那小子比較有想像力。我跟他說自己在美國一天能賺二千人民幣（五百美元），他靈機一動，跑到美國上班去了，一年收入二十五萬美元（臺幣約七百五十萬）。在中國，以他的水準能拿多少錢呢？三十萬人民幣（臺幣約一百三十三萬）不到。就是這麼懸殊！單就我這個產業而言，中國工人的人力成本基本上是美國的百分之二十左右。

再比如特斯拉，也很明顯。二〇一九年六月，特斯拉的股價跌到歷史新低，眼看混不下去了，便將位於上海的生產基地投入使用，一下子就為特斯拉解決了兩個問題，一是降低生產成本，二是銷量激增。特斯拉的股價這才開始逆勢上漲。那降低了多少成本呢？比北美低了百分之六十五，這個數據非常可觀。而且馬斯克多次表示中國工人的專業素質非常高。成本低，工人素質高，大幅降低了特斯拉整車的價格。

不過，成本在二三十年前是關鍵原因，現在已經不是了。

中國現在對於世界來說，最重要的是完整的供應體系。這又是什麼意思呢？

比如幾個美國大學生想創業，他們考慮研發一款「既可送外賣又可擦玻璃的無人機」。這就需要三個模組：無人機、外賣手臂和擦玻璃搖桿。把這三個焊在一起，既能送外賣又能隨手擦玻璃的無人機就製造出來了，接下來就是生產成品。

他們打聽之後，發現全世界只有中國能在一個地方把這三個模組全部搞定。於是他們到深圳華強北一喊，立刻出現四個團隊，接下了這個工作。三個團隊提供各種模組，第四個團隊則是集成商，負責集成。接下來美國大學生只要回美國下訂單就可以了，中國會幫他們做好、裝箱，送到世界各地，裡面還會塞張卡片，用英文寫上「記得打五星哦，親」。

如果其中一個工廠，比如生產外賣手臂的工廠搬到美國去了，會發生什麼情況？這個外賣無人機的其他部件在中國本地能搞定，唯獨外賣手臂這個零件需要遠渡重洋送過來。問題是，這個零件的上游供應商都在亞洲，得先把上游產品送到美國，加工完後再拉回亞洲集成。

這樣一來，這款產品的價格用膝蓋想也知道會比其他同類產品貴得多。在市場上，模組化產品「貴得多」就意味著無法生存，很快就有公司將之替代掉。

現代創新經濟的核心就是整個市場裡有無數「小而專」的模組化公司。你不管有什麼奇妙創意，落實到最後，都是幾個模組的組合，無數的公司動態組合，今天幾個公司的產品組成A，明天組成B，有了這些無數模組化的小企業，各種稀奇古怪的構想才能化為現實。

這也就是為什麼產業都往亞洲地區集中。一個產業百分之八十的相關零件都在同一個地方，剩下的百分之二十如果不搬過來，可能很快就會被替換。企業是依賴上下游的，所以才有所謂的「產業聚落」。軟體工程師願意來北京、上海，是因為這邊就算他工作的公司倒閉了，也能快速找到下一家。企業也一樣，也需要招募，需要動態調整上下游，如果你離產業聚落太遠，這些都只是空談。

當然，成本和配套供應還不是最重要的，對於資本主義來說，最重要的是需求，也就是有人買你生產的東西。產能固然重要，可是對於企業來說，最麻煩的不是生產不出來，大不了輪三班趕工，就跟這段時間如火如荼生產醫療器械一樣。最大的問題反而是有沒有人買。

外企為什麼一直想方設法打開中國市場？主要就是因為中國有廣大市場，不僅能生產，還能消費，而且消費還在爆發成長。

前面提到的特斯拉也是如此。進入中國後，銷量激增，儘管北美市場銷量下滑，但單是二〇二〇年第三季在中國就增加了百分之六十四的銷量，不僅救活了企業，現在更是虎虎生風，一時半刻死不了。而中國市場也迅速成為特斯拉全球第二大市場。如果特斯拉撤出中國，毫無疑問會死得很慘，而且是效率和成本雙暴擊。

馬斯克也曾表示，「沒有中國就沒有特斯拉的今天」，還表示「我愛中國」。到底愛不愛，其實不重要，也無所謂，畢竟資本家的話，聽聽就算了。不過中國確實幫助特斯拉迅速成長，這是毫無疑問的。中國和以前的美國一樣，是實現夢想的地方，喜歡錢的人就沒有道理不愛中國。

不知道為什麼，不少人現在提到「全球化」，第一個反應就是「除了中國，其他國家都是受害者」。但實際上，中美都是全球化的受益者，只是中國的收益比較明顯。而美國整體也賺了，只是分配不平均。資本家賺得荷包滿滿，但一般美國人的收入無以為繼，只好借錢消費。現在錢借得太多了，有點支撐不下去，才有了「製造業回歸」這類民粹主義的說法。為什麼說是民粹主義呢？因為按照西方的理論，製造業想去哪裡就去哪裡，全憑資本家決定，任何政府干預都是不道德的，不過他們現在可不管這些。

然而問題是，製造業大規模（注意，這裡說的是「大規模」）遷回美國幾乎是不可能的任務。一方面美國人口和人口素質也維持不了那麼大的工業體系（美國現在只有兩千萬製造業相關人員），跟蘇聯一樣，把人力都轉去研究重工業了，輕工業無人聞問，況且美國人口也不足，所以在一九六〇年代才把製造業移轉至亞洲，只將高利潤、高附加值的部分留在自己手裡。如果美國業界自己生產，無疑會迎來一波漲價潮，最後依舊沒有競爭力。

說到這裡，大家可能會疑惑，如果美國政府補助呢？也不是不可能，至少郭台銘二〇一七年為了川普承諾的三百億美元補助，就去美國建廠了。如果這些在華外企回到美國後一直不賺錢，政府一直補助，那補助的錢要從哪裡來？如果一直補助下去，美國也要過上救濟施捨的幸福生活嗎？

將經濟危機當作產業升級的契機

我發現網上有兩種非常不好的論調，一種是極度排外，民族主義高漲，除了自己，其他人都看不上；另一種是極度舔美，別人不能說一點美國或者西方不好，一說就無限鄙視。這兩種論調其實都不對，都是未成年人的思考方式。成年人的世界，應該像個社會人一樣去思考。

什麼是社會人呢？社會人就是做好自己的事，不去招惹別人，但如果別人招惹我們，也要果斷還擊，不然他們以為我們是軟柿子，心情不爽就過來捏。所以，我們既不欺負別人，也不崇洋媚外。

那該如何做好自己的事呢？某問答平臺上有則貼文非常有趣，而且很切中問題。作者說中國製造業二〇二五本來只是構想，並沒有達成共識。中國國內各方勢力也不是團結一致，因為要扶植這些領域，其他領域的預算就會降低，大家自然不滿意。而且中國很多學者持懷疑態度，他們一直有「不要重複造輪子」的想法，反對中國推動「大而全」，認為這麼做不符合經濟學規律。但經過川普一鬧，中國絕大多數人都明白了，原來這一步這麼重要，看來必須得做了；共識就這麼達成了。

類似科幻小說《三體》裡的情節，羅輯不小心偷窺到外星人的弱點，所以外星人要殺他滅口，還故意製造意外的假象，讓大家覺得羅輯的死只是一場意外，從而不會懷疑他掌握了什麼大祕密。歐巴馬看過《三體》，川普沒有。如果川普懂得這個道理，他就該花錢雇用一票中國經濟學家天天圍攻這一點，而不是從外部出手。川普不僅暴露了天機，還反手給中國一些經濟學家一巴掌，之前那些反對「土地紅線」[15]的經濟學家也挨了一巴掌。

說白了，中國得要比美國更開放，更像海洋文明，接納所有願意平等做生意的人，只要合作能賺到錢，就不會被踢出去。要知道，在冷戰顛峰時期，法國、英國與蘇聯的貿易都沒中斷，甚至美國企業家私底下也跟蘇聯合作。

而中國和蘇聯又完全不一樣，蘇聯游離於歐美之外，而中國深入到歐美體系裡，並且擔任如同心臟一般的職責，中國只要不自亂陣腳就沒事。

現在蕭條就在眼前，達利歐判斷應該會超過一九三〇年代的慘況，所以千萬不能掉以輕心，要拿出誠意和實際行動，比如繼續創造更好的經商環境、完善法制、推行刺激政策。

至於一般民眾，也要對自己負責，多鍛鍊、別生病，工作再勤奮些，多輸出、少添亂，而且一定要管住自己的嘴，不要成天唉聲嘆氣，我們說出去的每句話，第一個聽到的人都是自己，消極的話說多了，自己也信了。

15 意指嚴格限制農業用地轉為建築用地。

無庸置疑，在每次危機中，超級巨頭都會變得更大，一部分中小型巨頭會被淘汰，重新崛起一批新巨頭，這本身就是危機的一部分。

21 低價出賣勞力的時代已經過去

製造業向東南亞移轉已經是不爭的事實，有點像人口老化和少子化，如今該討論的是「怎麼看待這個問題」，進一步推導出來「該怎麼應對」，而不是高喊口號，類似「人口不能減少」，或者「工業不能移轉」，這些都沒有意義，成年人的世界最基本的邏輯就是，這個世界根本不在乎你的感受。

關於製造業移轉，我的想法也經過好幾次轉變，而目前我的觀點是：要轉就去轉吧！為什麼我這麼說呢？

成本才是工業生產線移轉的主因

第一個問題就是，製造業為什麼要移轉？首先是中國的成本越來越高。

成本包含很多，像是人力成本、環境成本、政府成本等。人力成本比較明顯，一般低端製造業最大的問題不是薪水低，而是枯燥乏味，經常十幾個小時站在流水線前，每天輪兩班，做一些完全機械重複的事，甚至聊天也不行，上廁所都要憋到特定時間。

這種生活可能五年級生還能接受，六年級生勉強可以，七年級生可能就沒辦法了，問題是，這類工廠只要年輕人，五六十歲的老先生老太太人家還不要，只要八年級生，甚至是後段班，年輕力壯。

但是八年級生，尤其是後段班，別說去這類工廠了，讓他們坐辦公室或許都坐不住，所以這類工廠現在也叫「城市落腳點」，意思是小鄉鎮的年輕人剛到大城市，沒地方去，想趕緊找個工作，一般就會去這類工廠。年輕人去了這類工廠後，發現根本沒辦法接受，不僅工作枯燥，薪水還很低，所以上沒幾天班就辭職了。

說到這裡，大家可能會納悶，這類工廠既然工作差、留不住人，難道就不能提高薪水嗎？

不是不能，只是很多工廠也是外包的，利潤本來就很薄，要是甲方沒給他們多少錢生產，再為員工加薪，那可能自己就沒得賺了。

製造業本身就是整個產業鏈的最底端，利潤大部分都被研發和銷售等服務業給分掉了，留給製造業的利潤就那麼一點，想多給員工都難。

那怎麼辦？可不可以往內陸遷徙呢？

也不是不可以，不過有交通成本的限制。我查了一下，三百公里陸運和一萬公里海運成本差不多。也就是說，往內陸遷徙三百公里，成本跟在大海裡航行一萬公里是一樣的，所以如果超過這個距離，就不如去海外。

倘若是沿著長江往上游移轉還有可能，畢竟長江可以行駛大船，如果完全移轉到西部，可能本來沒多少的利潤就被陸運成本吃光了。從最近幾年的經驗來看，只有那些附加價值高的產品才會從沿海向長江上游的重慶等城市移轉，或者如果有補助，也會向內陸移轉。

總括來說，隨著願意做這種工作的人越來越少，以及中國人力成本上升，這些企業只有兩條路可走：如果成本允許，就用機器人；如果成本不允許，就繼續沿著全球海岸線找人力便宜的地方。

說到機器人，大家的第一個反應可能是這非常高科技，應該很貴吧。其實不能一概而論，有的機器人只是個機械手臂，只能做一兩個機械的動作，反正雇一個人也是做這一兩個動作，正好滿足要求。

如果這個機械手臂降價了，或者人力成本上升了，那就可以考慮買個機械手臂。中國南方現在已經有不少「關燈工廠」，裡面全是這種機械手臂，工人只有在需要替換壞掉的機械時才會進去。

現在的趨勢也很明顯，如果動作太簡單，工人擺放一個零件需要的時間在十秒之內，那很可能未來幾年就會被機器取代；如果工人操作需要一分多鐘，可能就還是需要繼續以人工解決，換機械手臂不划算。

既然動作比較複雜，短期內機械手臂無法取代，或者換機械手臂不太划算，那就得沿著海岸線去找人力，越南、菲律賓因此進入廠商的視野。這類工廠往往需要的不是人，而是為機器配一個人形工具，所以越沒個性越好，最好是那種掙扎在貧窮線上的人，他們最願意做。

低端製造業轉型勢在必行

人力成本這個問題好理解，不過不是最關鍵的，最關鍵的是中國現在不太歡迎這類企業，很多優惠減免政策都取消了。

這又是為什麼？既然是製造業立國，為什麼要趕走這類企業？其實道理也不複雜，因為工業企業分很多種，其中有一部分不那麼美麗。一般來說，工業可以分成三類。

第一類就是本章提到的，沒什麼技術含量，上下游都不在國內，工廠裡也沒有升遷的空間，員工做一個月和做十年都是一樣的，整個生產現場沒一個人需要用腦。這幾年搬走的主要是這類工業。

第二類是電器，儘管收益無法跟龍頭公司或網際網路公司比，但產量巨大，而且整個價值鏈都在自己手裡，從專利到銷售網絡都在國內，內循環利器，而且產業也在進化，這些年電器產業可以說是很成功的國產替代典範。此外還有個好處，員工在公司裡不斷磨礪也可以成長。這種企業搬走的就比較少。

第三類的代表就是京東方和大疆等企業，初期投入龐大，後期產出也很龐大。這類企業不僅受政府鼓勵，更是政府不惜投入重資支持的目標，未來重點發展的也是這類工業。

這類企業優點很明顯，就是會不斷進化，在研發產品的過程中，不斷培養具競爭性的工程師和幹部，這些人藉由經驗和知識，又可以做出更複雜、更高水準的產品。這些幹部就算將來離開公司，也能把經驗和技術擴散出去，對整個社會是有幫助的。這類企業最難搬走，因為他們並不依賴年輕勞動力，而是依賴中國的人才庫和上下游產業聚落。而且前文說過了，生產其實不太賺錢，最賺錢的是研發和銷售。

不少人看到這裡，可能會以為研發、銷售與生產相互對立，假設研發和銷售在海外，生產在國內——大部分外企都是如此——那確實會造成對立；可是一旦研發、銷售、生產都在國內，那三者就是利益共同體了。

第三類企業把研發和銷售也控制在手裡，相當於整條產業鏈上的利潤都被企業吃了，能反哺製造領域，那就不是代工能相比的。代工是把最賺錢的部分讓別人，自己做最苦、最累、利潤最少的部分，而且重點是沒什麼進步，現代製造業跟古代作坊不一樣，功能改良主要在實驗室，不在製造現場，比如改良引擎效率的都是一些科學家而不是工人。

這三種工業類型其實是不同階段的三個發展型號，就像鋼鐵人的歷代鋼鐵衣，馬克I型，馬克II型，馬克III型，每一代都跟上一代有點像，但是又不大一樣。

中國當初起步就是做第一類的工業企業，這些企業讓中國賺到了最早的啟動資金，順便把國外的管理技術帶入國內。隨後本土的企業崛起，學習了國外的技術和管理方式，進而產生了第二類企業。最近這些年又出現了第三類企業，就是具競爭力的國產品牌。

不同類型的企業在不同階段都有其合理性，四十多年前中國即使想發展第三類企業也沒辦法；但在四十多年後的今天，如果還以第一類企業為榮，那就是完全沒有理解與時俱進的精髓。

更重要的是，人在第一類企業裡是沒有任何長進的，那是個高度螺絲釘化的地方，為了提升效率，把工序一直拆分到每個人就只負責幾個動作，還一邊計算著你操作的時間，而你甚至不知道自己在做什麼，也就談不上進步和提升，只有手的速度越來越快。

這就跟驢子拉磨一樣，工作量照理說可以繞地球一圈了，實際上卻還在原地踏步。人力之所以是資源，是因為可以提升，如果不能提升，就只能當牲口使喚，根本不是資源。

現在年輕人的數量本來就不足，若還把大家圈起來做這些沒有技術含量的事，年輕人自己不樂意，國家肯定也不太滿意。

這種做法一般都是在工業化前期，國家實在是沒有任何啟動資金，只能蓋點工廠賺點錢，就好比美國崛起前的主要業務就是替英國種棉花，等自己發展起來，就不想做這種事了。

現在的美國肯定不會靠種棉花度日，中國也不可能繼續把越來越珍貴的工業用地劃給低端工廠，更不可能把越來越少的年輕人推上這樣的平臺。

中國在二〇一二年達到勞動人口的頂峰（是勞動人口，不是人口），從那以後，勞動人口便逐年降低，工人薪水明顯上漲，導致不少工廠出走。也就是在那一年，中國開始進入「去工業化」階段。

「去工業化」這個詞聽起來很嚇人，我第一次在黃奇帆（前重慶市長、上海復旦大學特聘教授）的書中看到也嚇了一跳，第一個感覺是中國今後不發展工業了。其實不是，這個詞是說今後不會像以前那樣無條件地歡迎他國來建廠，中國土地本來就不夠，所以要提升產業品質，不能再以量取勝。

問題是產業要升級，往往會導致社會上的服務業占比越來越大。

或許有人不理解，工業和服務業怎麼會扯上關係，而且拜一些人的奇怪宣傳所賜，竟然把服務業汙名化，以下就來把這個問題說清楚。

簡單來說，企業不想做苦力就得升級，想升級就得不斷研發、提高科技水準，也就需要融資方面的支援。

研發是服務業，科研是服務業，對應的金融支持也是服務業。

所以說，如果你不想像過去一樣只做低端生產，而是準備提高科研水準，就得不斷投入經費研發，在這種情況下，服務業便蓬勃發展。

根據中國國家統計局發布的統計公報，在二〇一三年，第三產業增加值占國內生產毛額（GDP）的比重首次超過第二產業。具體數據是：第一產業增加值占GDP的百分之十，第二產業占比為百分之四三．九，第三產業占比為百分之四六．一。不僅如此，第三產業的從業人員也開始不斷攀升。根據中國人力資源和社會保障部發布的統計公報，二〇一一年年末，全國就業人口中，第一產業就業人口占百分之三四．八，第二產業就業人員占百分之二九．五，第三產業就業人員占百分之三五．七。截至二〇一九年年末，全國就業人口七．七億人，其中城鎮就業人口四．四億人。在全國就業人口中，第一產業就業人口占百分之二五．一，第二產業就業人口占百分之二七．五，第三產業就業人口占百分之四七．四。第三產業就業人口占比連續五年上升，比二〇一五年提高了五個百分點。

也就是說，過去十年裡，前兩個產業的人口都在減少，一直向第三產業集中，如果不出意料的話，這個趨勢還會繼續下去。

而且高端產能是供不應求的，比如顯示卡和晶片等，低端產能卻是嚴重過剩，過剩到什麼地步呢？很多企業互相競爭，互相壓價，以至於後來不少企業基本上都賺不到錢，甚至賠錢，靠外貿補貼度日。不過這種狀態可能即將終結，因為政府取消了一百四十六種鋼鐵產品的出口退稅，不少工廠就要停工了。

更重要的是，這種工廠的員工薪水太低，也沒什麼調漲的空間，不僅如此，還面臨一個問題，就是即使工作幾年依然什麼都學不到，也沒什麼購買力，導致不論內循環、內需，還是城鎮居民消費，都和這些人無關。

這段時間民間都在討論人口問題，大家常說「人口結構」、「社保危機」，擔心年輕人少了，社保也不夠。問題是，如果年輕人都流入這種企業，連五險一金[16]也不交，對社保的幫助也就為零，這類人口再多，也沒什麼幫助。

這也是為什麼年輕人儘管可能學歷不好，但是依舊用腳投票，能不去就堅決不去這種地方。甚至那些不斷強調低端製造業有多好的人，也不願意送自己的孩子去這種企業。

16「五險」包括養老保險、醫療保險、工傷保險、失業保險、生育保險等社會保險，「一金」是指住房公積金，俗稱「五險一金」。

所以說，「工業」不能一概而論，有些根本就該淘汰。

當然，不一定要淘汰，升級也是個辦法，很多產能看起來低端，那是因為消耗了大量的年輕人，效率差，最後還沒賺到錢，投入產出率太低。如果稍微升級，成為自動化工廠，產出沒什麼變化，但是全程都不需要年輕人做無謂的消耗了。

二〇二五規劃以及科技強國戰略的本質也都是用先進產能淘汰落後產能。

而且已開發國家的服務業一般都占到 GDP 的百分之七十，而美國的服務業，涵蓋科技、金融、法律、醫療等，為美國貢獻了百分之八十的 GDP。美國作為農業大國，其農業占 GDP 的比重反倒不足百分之一。

當然，美國的金融、法律、醫療體系裡有很多糟粕，不值得其他國家學習，現在他們自己也在反思。

高端製造業與服務業結合的未來

現在的趨勢就是讓低端製造業要麼升級，要麼離開，反正不會像之前那樣，又是政策優待又是補助，還忍受他們的高汙染。

而且，東南亞社會動盪的局勢和平均受教育的程度，如果一個企業還願意跑去那裡，代表他們只需要年輕人的那兩隻手，其他什麼都不要，這種企業留下來也沒用。

蘋果代工廠、三星代工廠，乍看覺得非常高級，其實不然，高科技部分早就已經在國外做完了，然後才送去代工廠做簡單的組裝，而且盈利最多的部分也是研發和銷售，也就是在服務業，比如蘋果公司那棟著名的環形大樓（Apple Park，蘋果總部，位於美國加州），蘋果最賺錢的部分就是在那裡完成的。

曾有人說，只有低端製造業才能吸收人力。

說這種話的人，其實還是把人當累贅，只是想要年輕人找個地方待著，根本不管這個地方到底怎麼樣，幾年後會不會荒廢。不過是把失業往後推，哪怕年輕人在裡面過得非常苦，還沒什麼收益；哪怕那個地方基本上無益於進步提升。

前文說了，低端製造業的投入產出率太小，對社保什麼的基本上沒幫助，員工能養活自己就不錯了，更別說幫忙社會養老，所以如果人口不斷流入這些行業，也算是勞動人口變相減少。

所以未來勢必要提高製造業的水準，讓工人去做有發展前途的職業，順便發展那些高附加價值的服務業，比如和研發、銷售相關的行業，向「微笑曲線」[17]的兩端發展。

華為在賣通訊產品的時候，不惜免費送硬體，以便未來賣售後服務和增值業務（增值業務都是軟體）。手機領域也有這個趨勢，蘋果看起來是硬體公司，其實是軟體和設計公司；特斯拉也是往這個方向發展。

唯有人民賺到錢，而且不是只夠溫飽的錢，才會去消費更加高端的產品。人們的消費力提升了，企業也就有動力去研發更高端的產品，市場才能活絡起來。我們成天說內需，低端製造業的那些工人可撐不起內需。

所謂先富帶動後富，不是指望先富的那群人大發善心，而是指望他們消費，他們的消費就是為他們提供服務的人的收入。

而中產階級勢必是出自服務業，因為這個產業附加價值大，邊際成本低，大家賺得多。這不是公不公平的問題，而是市場規律就是如此，除非全國從事體力勞動的人口特別少，例如加拿大，這樣藍領的薪水才能上漲。

17 兩端朝上、呈微笑嘴形的一條曲線。在產業鏈中，價值最豐厚的區域集中在價值鏈的兩端——研發和市場，價值最低廉的區域集中在價值鏈的中間——製造。

舉個例子，假設你是工人，你做一件產品賺一件產品的錢（現實世界裡一個工人往往是參與某個產品製作的一個環節，產品不會完全由一個人完成），哪怕一件產品只需要一分鐘，你每天的產能極限也就五六百件，那你的收入其實已經有了上限。

對於軟體開發者來說，一個軟體產品可以零成本複製百萬次。我知道一家公司，成員只有五個人，做了款遊戲，賣了五百萬份，除了給平臺的抽成外，剩下的就由大家平分，每人分了接近五千萬人民幣，一夜之間從打工仔變成富豪。假使這個遊戲不是軟體而是實物，他們要生產，要出貨，最後快遞到買家手上，根本不可能賺這麼多錢。

這也告訴我們，想發家致富，就一定要往這種「低邊際成本」的產業發展，這種產業才自帶爆發性。

科研也一樣，一個小小的改進可能惠及上千萬人，相關工作者的收入自然就高得多。說到這裡有人可能會納悶，聽說科學家收入也不高啊？這是因為很多科學家從事的領域，沒辦法直接轉換成商業價值。比如美國有些大學供養的科學家收入遠遠無法跟google的科研人員相比，甚至NASA科學家的收入都無法跟SpaceX（太空探索科技公司）的科研人員相比，因為後者可以直接把研究變現，而前者不行。

隨著這些高收入族群的壯大，他們不論是吃飯或是娛樂，相關行業都會涉及大量人口，這時候的服務業才是大家所熟知的服務業，社會也就活絡起來了。事實上，中國現在就是如此，這兩年泡麵、火腿的銷量逐漸走低，而優酪乳之類的消費品開始走高，寵物消費也越來越貴，貓貓狗狗看個病動不動就好幾千甚至上萬元。這些消費也會提高基層民眾的收入。

很多人依舊不清楚什麼是「消費能力」，以為人多消費能力就強，這種理解其實錯得離譜。消費的關鍵是你的收入減去維持生活的費用後剩下的錢，比如一個人月入三千人民幣，去掉房租、餐費就沒什麼錢了，那他的消費能力非常差。如果他有一萬人民幣，去掉三千元的基本生活費，剩下的七千元可以養寵物、買衣服、旅遊，這才是消費能力。

所以說，不要跟別人比低端，也不要比勞動力廉價，勞動力廉價就意味著薪水低，必然沒什麼消費能力，最後的結果就是成天為別人累死累活，然後自己還對自己的艱苦奮鬥表示滿意，這就是自我感動。

有個網友跟我說，他二十八歲，高中畢業，做過流水線工人，送過快遞，做過水暖工，現在從事上門修手機的工作。

他說他這輩子最不願想起的就是在東莞做流水線的那三個月，每天累得半死，住的地方旁邊就是廠房，廠房機器轟鳴，雖然機器不休，但他們照樣睡得跟死豬一樣，三個月內他們同期的就都跑光了。

後來他去送快遞，儘管快遞也苦，一開始賺不了幾個錢，不過離開工廠的那段時間是他這輩子最輕鬆的日子，工作非常自由，狀態好時做到凌晨，狀態不好時乾脆不出門。

後來他出了車禍，擔心送快遞這行還是不太安全，於是就去學修手機，一開始賺得少，後來做事認真細心，業務越來越熟練，又加了好多人的聊天室，開始在朋友圈收二手手機和電腦，尤其有些電子產品，把膜去了就跟新的一樣，能以九成新的折價賣出去。現在一個月能賺幾千塊人民幣，有時候運氣特別好能賺到兩三萬人民幣。

他說將來往哪個方向發展他也不知道，但是無論如何是不會回去工廠了，賺得少倒是其次，主要是完全沒有自由，感覺在那裡待久了會變廢人。現在儘管也談不上多有前途，但是有很多自由時間可以支配，可以跟其他人聊，看看還能做點什麼，反正總有事做。

我覺得他代表了許多人的觀點，受不了那些約束，從製造業逃離，再也不想回去。

我理解這也是當下製造業的明顯困局，給年輕人加薪他們都不去，更別提工廠給的薪水原本就不高。

總而言之，發展製造業，最後還是得提高製造業的水準，只有水準提升了，附加價值才能提升，給工人的薪水和條件才能提升。

另外，落實《勞動法》也很重要，中國人吃苦耐勞，但是不能任由勞工被剝削，這種狀態肯定無法持久。

人口紅利說的是年輕人多，年齡結構好，但這是一時的，如果要維持這種紅利，就得生出更多的年輕人，最後跟龐氏騙局（Ponzi Scheme）的金字塔一樣，每家都得生三個以上，根本不切實際。況且，所有的「紅利」最後都得還，就不要再想著這種紅利會持續下去了。

再強調一遍：艱苦奮鬥的目的不是一直艱苦，做低端製造業的目的不是一直低端。

此外，也可以像德國那樣，發展強大的服務業，服務業的附加價值高，繳稅也多（工人本來收入就低，找他們徵稅也不合適），透過二次分配給予工人補貼，以此來改善工人的境遇，做到服務業和工業共同強大。

不過，說到底，還是要依照市場規律，尤其是政府取消補助之後，未來更是只剩下市場規律了，既然市場規律讓那些工廠離開，說明他們在中國以現有的薪水確實招不到人，招不到人代表工人都有別的地方去，那工廠想搬就搬走吧。

由此可見，中國的產業升級既是被迫，也是順勢而為，是社會發展到一定程度的必然選擇。

在接下來的幾年裡，頂多十年，一部分的製造業將會轉向高端生產，同時向服務業升級；另一部分不是轉換成自動工廠就是搬離，否則既招不到人，也賺不到錢。這種趨勢既是挑戰，又是機遇，反正是無法阻擋的。我知道很多人仍戀戀不捨那些低端產能，但市場規律比人的意願更強，對於這種趨勢，你不接受也得接受。

22 經濟抵制究竟是誰獲利？

二〇一七年七月初發生一件大事，日本為了打壓韓國半導體工業，限制對韓出口含氟聚醯亞胺、光阻劑和高純度氟化氫，完全把韓國的咽喉掐在手心。

做豆腐的沒有黃豆，有黃豆的不做豆腐

事件的背景是這樣的：當年韓國著名的左派領袖文在寅上臺後，限制財閥，改革檢察院，跑去三八度線和金正恩會面，這些是韓國標準左派的做法。話說，許多人分不清韓國的左派和右派，其實說穿了就是：反美、反日、反財閥、反軍政府，愛人民、愛朝鮮（北韓）的，就是左派，代表人物有大家熟知的盧武鉉、文在寅等；相反的，親日、親美、反朝鮮的，就是右派，代表人物有李明博等。韓國財閥也算右派，基本上都有美

國和日本的背景。二戰後日本到韓國投資，第一時間想到的也是這些財閥，所以韓國戰後第一批發家致富的人大多是右派，包括三星家族。三星集團第一代掌門人應該算是半個日本人，因為他從小就學日語，大學也是讀早稻田，有一半的社會關係在日本。

事實上，文在寅不僅「左」，而且應該算是韓國歷史上最「左」的總統，他反美日，反財閥，反軍政府，最愛的是朝鮮，他父母就是朝鮮人。不僅如此，他還表示要日本賠償韓國在第二次世界大戰中的損失。

在第二次世界大戰期間，日本占領了韓國，並對韓國造成巨大傷害。一九六五年，日韓達成協議，日本為了平息兩國衝突，賠償韓國八億美元。不過這件事並沒有平息韓國人的憤怒。我過去以為是韓國人得理不饒人，直到跟一個在中國讀博士的韓國人聊天才明白，他說日本那八億美元都給了韓國的工業巨頭，而這些巨頭本身就是日本投資的企業，因此真正需要獲得賠償的人沒拿到一毛錢。

所以韓國不少民間組織繼續向日本要錢。韓國右翼政客上臺，就打擊這些人；左翼上臺，就支持這些人。文在寅代表的是韓國平民階層的左翼，所以也支持平民，天天跟日本過不去，甚至充公了一部分日本在韓企業。這件事激怒了日本，日本一氣之下，把對韓國電子產業最重要的三種原料都斷了，韓國電子業幾乎是立刻受到衝擊。畢竟事先沒做準備，猝不及防。

韓國在二十世紀跟日本的半導體之戰中，幾乎完勝，後來雙方調整了主要戰略方向，韓國主營半導體，日本主營半導體原料。

若要打個比方，那就是在韓日半導體之戰後，韓國開始賣豆腐，而日本批發黃豆。現在日本竟然斷供黃豆，韓國豆腐也就做不成了。

這件事發生後，全球震驚，一方面震驚於日本的操作，另一方面有點擔心日本會不會用這招對付其他國家，同時感慨日本底蘊深厚。

當時幾乎所有人都覺得韓國沒有選擇，只能向日本求饒，或者向美國求助，然後透過美國調停，恢復供應，到時候不可避免地又要給美國點好處，費錢又丟人。

回不去了！豆腐要與黃豆拆夥

沒想到時隔大半年我再搜尋這則新聞，驚訝地發現，韓國不僅沒屈服，反而挺過來了，自己想辦法搞定了那三種原料的穩定供應。

那韓國去哪裡找替代品呢？

首先他們在國內找，比如原本百分之百自日本進口的高純度氟化氫。韓國之前已經在研究這種無機酸的替代品，替代品的原料是由中國一家公司提供的，但是水準一直不如日本，而且成本也高得多。

這就好像社區裡已經有一家超市，物美價廉，後來又開了一家，物不美價不廉。照理說，新開的這家根本沒有出路，在競爭中處於絕對劣勢。但問題是之前那家不賣東西了，大家只能去新開的這家買。

韓國的替代品就相當於那家新開的超市，雖然各方面都不如日本的原料，比如純度達不到日本的水準，日本是十二N，也就是百分之九九．九……，小數點後面跟著十二個九，韓國自己的原料只能達到十N，而且還不划算，但至少有供應。

此外，韓國企業之前故意不使用國產的原料，其中還隱藏著一個日本和韓國之間的小齟齬：韓國財閥基本上都親日，所以平日要他們用品質差一些的國產品去取代日本的進口貨，無論是感情上還是利益上都說不過去。

日本斷供後，韓國政府立刻著手推動替代品，儘管韓國國產的不太划算，但是買不到日本的原料，這些財閥也就管不了那麼多了。國難當頭，這些財閥也顧不上左右之爭，三星的人加入研究行列，國產原料品質有所提升，生產不至於完全停擺。

長期來看，韓國可能還要進一步降低原料成本，才能澈底替代日本的原料供應。

二〇二〇年年底，日本突然又說要恢復對韓國的半導體原料供應。據外界估計，日本此舉可能是擔心韓國親日企業被逼上絕路。

韓國半導體產業協會（Korea Semiconductor Industry Association）高級官員安基賢（Ahn Ki-hyun）表示：「即使日本的限制恢復到二〇一九年七月之前的水準，決定使用其他技術的公司也不會再改變。」也就是說，對不起，就算你們恢復供應，我們也不要了。

文在寅還調侃安倍，表示多謝安倍對韓國國產化所做的貢獻，沒有他的推動，現在韓國還在使用日本的原料。

反倒是日本國內開始質疑政府搞貿易限制的做法是否合理。因為日本原料主要銷售的兩個地方不買了，日本就沒地方賣了，原料只能滯銷，放在倉庫裡還得花錢。

賣的原料少了，不少廠商的利潤明顯下降。日本本來以為制裁韓國是一時的，甚至考慮過迫於壓力韓國說不定會談判加價購買，沒想到韓國永久減少進口，改用國產品替代，使得日本的原料生產線受到威脅。

比如日本一家生產超純蝕刻氣體的公司，產能跌了百分之三十，利潤少了百分之十八，接下來形勢可能更嚴峻，因為韓國是世界上最大的半導體製造國，不供應韓國原料，日本還能供應給誰？

而且韓國在其他領域也嘗試過多元供給，大幅降低從日本進口，防止日本再度掐住自家的脖子。韓國統計廳二〇二〇年五月發布的資料顯示，該年第一季度韓國進口的日本製造業原物料比例為百分之十五．九，與二〇一〇年同期的百分之二五．五相比，下降近百分之十。

比較有意思的是，日本政府宣布要制裁韓國後，日本的公司一方面表示支持政府決策，另一方面趕緊跑到中國和歐洲加大投資建廠，擴充產能。

等到日本的政策落地，這些日本公司便透過中國和歐洲的公司繼續向韓國供應原料，確保韓國不會自己去研發替代品，成功保住了市場，避免重蹈那家生產超純蝕刻氣體的公司的覆轍。

這麼看來，這輪博弈的真正贏家原來是韓國，不僅反制了日本，還做出漂亮的反擊。

買家市場的時代關鍵在於擴大內需

我曾看過美國國家廣播公司財經新聞網（Consumer News and Business Channel, CNBC）

的一個節目，其中請到高盛（Goldman Sachs Group）的分析師來探討限制對華晶片的話題，他同意要限制中國，但是他非常反對現在這種模式，因為這是明顯的資敵。

他分析了為什麼技術封鎖戰略到後來都不會有好下場，他說的那些觀點正好在這次「韓日大戰」中體現得淋漓盡致。

他說了三點。

首先，現在全球不缺產能，缺的是買家，屬於買家市場。他分析了當初美國為什麼能把日本的半導體打敗。

很多人以為是美國限制了日本的技術。其實不然，日本的晶片技術突破主要是日本人透過舉國體制搞定的，不是美國給的。

一九七六年，在通產省的主持下，日本聯合了富士通、日立、三菱、日本電氣（NEC）和東芝等五家生產電腦的大公司，成立了超 LSI 技術研究協會，該專案總預算為七百億日元，其中三百億由國家出資。在超 LSI 技術研究協會運行的四年內，一共產出了約一千項專利發明。日本迅速成為晶片製造大國，然後利用低成本優勢向美國銷售。

那美國是怎麼對付日本的呢？

很簡單，當時全世界晶片消費最大的國家就是美國，你再厲害，我不買你的產品不就行了，看你賣給誰。

美國一開始對日本晶片徵收百分之百的反傾銷稅，後來又簽訂了《半導體協定》（Semiconductor Agreement），再加上日元升值，導致日本晶片在美國的銷售情況大受影響。日本晶片在美國賣不動，其他國家又沒那麼大的需求，導致日本半導體產業急劇萎縮。

也就是說，美國能壓制住日本，是因為美國的買家地位。資本主義世界永遠不缺產能，永遠缺購買力，正是因為購買力不足，導致一波又一波的經濟危機，比如疫情期間經濟蕭條，店鋪倒閉，直接原因就是疫情導致民眾不消費了。買家縮在家裡不消費，賣家便倒閉了。

那麼問題來了，中國在全世界晶片市場上處於什麼地位呢？我直接引用資料說明。

二〇一八年中國晶片進口額高達三千一百二十億美元，在全球占比高達百分之三十三，比美洲和歐洲市場的總合還要高。

因此在國際晶片市場上，中國是絕對的大買家。這也是為什麼二〇二〇年五月十五日川普政府宣布對華為的禁令後，美國的晶片股集體大跌：新飛通光電（NeoPhotonics Corporation）跌逾百分之十二，高通（Qualcomm）跌超百分之五，台積電跌超百分之四。這反映的就是那些晶片企業對自身的一種擔憂。

其次，限制中國晶片進口反而會導致中國晶片產業爆發。

這個邏輯非常簡單，就類似本章開頭提到的例子，中國自己的晶片代工企業不成氣候，品質次價格高，在自由市場上幾乎賣不動，而今限制中國購買海外晶片，其實相當於變相補助中國的這些企業。

最後，也是最關鍵的一點，要利用市場來打擊對手，而不是跟市場作對。

永遠不要低估資本家「護食」的決心。資本主義世界的根基就是「商人逐利」，正是因為符合人心最基本的欲望，所以在過去五百多年間，資本主義橫掃世界。

現在眼前的一切，都是從這個邏輯衍生的產品，而且五百多年來的資本主義史一再強調一個基本邏輯，如果法令和逐利發生衝突，資本家們會不惜代價地破除法令。

比如美國之前實行過一個禁酒令，這種大眾消費品被禁之後，檯面上不供應酒水，卻全部轉向地下，黑社會前所未有地盛行，甘迺迪家族就是在這個背景下崛起的，靠走私各種酒類發了大財。

資本家天生就是靠解決問題過活的，越是複雜且事關盈利的問題，他們解決的決心越大。一旦市場失靈了，那肯定是無利可圖的。

再舉個例子，全世界現在最大的問題就是貧富差距撕裂了社會，這個難題的核心就是無法對富人徵稅，賦稅主要是由中產階級承擔。

為什麼無法對富人徵稅呢？

首先，富人為什麼富？關鍵就在於他們都是解決問題的高手（就算他們自己不是高手，也有一堆高手幫他們），具有突破性思維，不管政府制定什麼法律，他們都有辦法破局，讓政府一毛錢都徵收不到。

再者，如果你的法律影響到他們賺錢，只會造成更多違法情事。資本家會竭盡全力想辦法不受影響，正如前文提到的那些在中國和歐洲建廠的日本公司，立法永遠趕不上資本家鑽漏洞的速度，因為他們只要速度稍微慢一點，就會被踢出市場。

所以說，封鎖戰略不僅僅傷害買家，也傷害賣家。賣家會一起想辦法破局，如果他們坐以待斃，就不是資本家了。

這並不代表中國現在已經沒風險，恰恰相反，中國目前面臨巨大挑戰，只不過所有挑戰都是機遇，韓國人正是透過不屈不撓的努力，把巨大的危機化成了轉機。

川普上臺之後變本加厲，不過如果沒有他那一系列操作，中國很多政策，比如研發晶片這種重複造輪子的行為，根本不可能達成共識，但是如今基本上已經沒什麼懸念，造也得造，不造也得造。前幾年半導體相關科系還不如平面設計科系受歡迎，這兩年也跟著熱門起來，這應該要感謝川普。

晶片斷供這件事，總有一天會解決。反正從我懂事起，基本上所有困難差不多都會過去，就跟韓日的半導體之爭一樣，事情發生的當下覺得不得了，要完蛋了，但是總有強人會想辦法解決。不過，即使這個問題解決了，也不代表所有問題都解決了，今後肯定是一波未平一波又起。

這也是對政府的重大挑戰，韓日半導體崛起都是政府和大企業通力合作的結果，事實上，現代已經沒有那種單純一家公司就能搞定的情況了，甚至馬斯克的 SpaceX 背後也有 NASA 的支持。這也使得政府必須堅定地以技術為導向。

如果房價繼續飆漲，肯定會滋生套利心態。然而更多的資金湧入房地產，房地產價格上漲，進一步加深了「房價永遠會漲」的預期，於是更多的企業家去炒房。而如果房價上漲過快，會導致政府投資給企業的研發經費轉來轉去，最後還是轉到房地產上。這種情況無疑會腐蝕整個社會，民眾天天想著存錢買房，消費不振，企業家不去想如何創造財富，而是把所有的才華都花在套利炒房上，最後所有振興經濟的錢全部流向房地產。

總之一句話，機遇和挑戰共存，將挑戰轉化成機遇，需要齊心協力、政府主導、艱苦奮鬥，缺一樣都不行。

23 越窮越不敢生，越不生社會越窮

我們可以從日韓人口暴跌來看中國的生育率。為什麼要看日韓呢？因為從某種程度來說，日韓就是走在中國前面的前鋒。這兩個國家跟中國的文化比較接近，戰後發展路線也差不多，都是走代工、外貿、大力發展科技的路線。只是韓國面積小了點，跟廣東差不多；日本跟中國的情況更為相似。

仔細觀察就能發現，中國現在面臨的問題，日韓都經歷過。我經常在想，中國房價的高位盤整，很可能也是從日本那裡吸取了經驗教訓，政府現在的做法就是既不刺破，也不放任，讓市場慢慢消化，應該就是審視了日本當年的教訓想出的對策。

而且美國當初制裁日本，導致日本很多產業一蹶不振，因為日本很多產品主要是賣給美國，要是美國不買，這些產業立刻就停滯了。中國在某種程度上吸取了日本的經驗，大力拓展其他市場，比如歐洲市場和東協市場，避免美國一發難整個產業就完蛋了。此外，日本自己的內需一直不足，需要依賴海外市場，這也成為其弱點，中國這些年也致力於扭轉這一趨勢。

至於生育率，日本和韓國所面臨的問題如今在中國也越來越明顯了。

真的是貧窮讓人不敢生孩子嗎？

日韓的生育率已經低到堪憂的地步。

二〇二〇年，日本六十五歲以上人口比例約占百分之二十九，出生率約是百分之〇．七。日本現在每年的死亡人數比出生人數要多。韓國二〇二〇年的總生育率為〇．八四。韓國人口從二〇二一年起進入負成長時代。

人口暴跌最大的問題是養老金。對於養老金，眾所周知，就是你父母的養老金來自你的稅金，將來則變成你的孩子繳稅來養你。如果你沒孩子，或者整個社會孩子太少，養活不了那麼多老人，老人們就得自己去上班。

去過日本的人應該都有體會，上班族裡很多是年長者，便利店、超市、商場也到處都是年長員工。所有人口老化嚴重的國家，最後無一例外都會盡量推遲退休年齡，說不定會一直推遲到不退休。之前日本就有政客說過這件事。

有人問：那我可不可以自己存錢養老？

也不是不能，不過前提是你現在存的錢將來能買到東西，但如果人口一直跌，無庸置疑，人力會貴到離譜，你年輕時存的錢，到老了可能根本不算錢。

就跟幾十年前我爺爺準備用五千元人民幣養老一樣，畢竟那時候的五千，給人的感覺就好像現在的一百萬。但是很可能，你現在存的一百萬人民幣，等你老了，跟一百萬日元（人民幣近五萬）一樣，本來準備過二十年的，結果只撐了一兩年，錢沒了，人還在。

那為什麼日韓人民不生孩子呢？

原因很多，有全球共通的原因，也有東亞特有的原因。我們一個一個地梳理，也比對中國的情況。

首先是全球共通的工業化問題。為什麼工業化會導致生育率降低呢？

主要有三個原因。

一是教育。教育讓女性生育年齡大幅往後延遲。以前女性十四五歲就生孩子了，接受教育之後，一般女性約到二十多歲才生孩子；大學畢業後，如果工作幾年再生孩子，生育年齡便是二十多歲、三十多歲了。在三十多歲生孩子，負擔本來就重，做決定也會更加謹慎。生孩子這件事越往後拖越難下決定，你如果四十多歲要生孩子，自己的壓力就夠大了，說不定周圍的人還會勸你別衝動。所以說，女人年齡大一些再生孩子是進步，但是付出的代價就是生孩子的機會少了很多。

二是經濟壓力。養孩子屬於投資，投資必然會抑制家庭在其他方面的消費，後果就是夫妻二人的生活品質大打折扣。本來想出去度假，但考慮到孩子，心態可能就變了，要把兩人出去旅遊的錢省下來給孩子報名才藝班。對於大部分遊戲宅男來說，一臺四五萬人民幣的電腦基本上就是頂級配備了，但是很少有人下決心買。然而為孩子花錢，父母親基本上都不會心疼，尤其東亞地區更是如此。一般家庭生幾個孩子之後，家庭生活品質都會受到巨大影響，這也是導致很多年輕人對生孩子望之卻步的原因之一。

三是最重要的一點，心態問題。現在社會的透明化讓一部分人的得失心變得很重，尤其在生育方面。有個笑話說，以前南方人一說起北方的冬天，就覺得北方人全在寒風中瑟瑟發抖。至於東北人，應該過著類似愛斯基摩人的生活，出門都得披張熊皮。後來網際網路興起，南方人才發現不少北方人大冬天躲在攝氏三十度的家裡吃著雪糕、涮著火鍋，南方人內心崩潰了，然後強烈要求南方也集中供暖。

笑話歸笑話，但卻也不得不承認，網際網路把整個社會的現實情況直接展現在大眾面前。本來過得還不錯的人，跟別人一比，覺得自己簡直是在貧窮線上掙扎，別人享受美食，自己只求溫飽，這種強烈的對比讓不少人的內心產生巨大衝擊。

所以說，窮不窮很多時候是觀念問題，相同的收入在不同的環境下感覺完全不一樣。只要你不覺得自己窮，就不那麼窮。比如中華人民共和國剛成立的時候，儘管大家很窮，但生育率反而頗高。

還有一些觀點簡直有毒，像是：奮鬥一輩子趕不上別人的起點；你的努力在門第面前不堪一擊；免費玩家就是人民幣玩家的道具……等。人對生理上的痛苦承受能力其實很強，但是對精神上的無助和失去控制的無力感承受力就很弱。很多人都會產生「刪檔卸載遊戲」的衝動，或者乾脆放棄「打怪升級」，只想安安靜靜做個廢物，更別提再生一代自找罪受了。

其實房價反倒只是這種「絕望感」的一部分，而不是關鍵因素。舉例來說，黑龍江鶴崗市的房價都跌成地板價了，也沒聽說那裡人口暴漲吧？

為什麼不再奮鬥只想躺平？

如果說中、日、韓有什麼共通特色，那無疑是儒家文化下的隱忍、勤奮和內斂。這些觀念讓中、日、韓三國成為一百年間僅有的幾個躋身強國俱樂部的後起之秀，但是無一例外在起步階段用力過猛，導致一大堆後遺症。

比如當年日本工業界有句話，「工廠的門一關，法律就進不來」，二十世紀日本人拚工業的那股衝勁，比中國現在的「九九六」還要誇張得多。稻盛和夫，日本經營之神，最早他手下那群人基本上每天要工作十八個小時。這就意味著每天除了吃飯、睡覺，其他時間都在工作，甚至吃飯、睡覺的時間都被壓縮。日本的經濟奇蹟就是這麼創造出來的。好處是取得了巨大的進展，日本經濟一日千里；弊端也很明顯，那些奮鬥狂成為管理階層後，天天跟年輕人炫耀當年的輝煌往事，並且表示年輕一代都是廢物，連他們當年一半的努力都達不到，成功地把年輕人嚇退了。而且年輕人也不想過以前那種生活，甚至覺得當初前輩們都那麼努力奮鬥了，結果現在還是迎來了大停滯，那自己如今奮鬥又有什麼意義？

再說，「奮鬥」這種事是需要動機的，動機不外乎兩種：

一是對貧窮的恐懼。這個誰都怕，但並不是誰都有感受。

二是對美好生活的嚮往。可是現在很多人並不嚮往。

日韓崛起那代人的奮鬥動機往往是對「一無所有」的恐懼。畢竟這兩個國家在戰後一窮二白，努力擺脫那種悲慘境遇成了早期國民的原動力，再苦，也覺得比戰後住在瓦礫堆裡強，再累，一想到今後會好起來也就忍了。

但是年輕一代缺乏悲慘經歷，也就缺少對貧窮的恐懼，他們的生活本就優裕，不太明白那麼艱苦地奮鬥到底是為了什麼。

不僅不明白，反而對那種奮鬥過程充滿恐懼。人一旦心虛了，就各方面都虛，怕奮鬥，慢慢地也怕撫養孩子，怕做父母承擔責任，怕競爭，可以說是一個「恐懼全家餐」。

這些觀念跟病毒似的席捲整個社會，越來越多衣食無憂的人決定放棄奮鬥和生育，簡單地躺下來做個廢物。當初父輩躺下就會全家餓死，所以必須起來工作；而自己躺下也餓不死，不僅餓不死，反而能更快樂，那為什麼不躺下呢？

不僅如此，中、日、韓三國還有個明顯特點，就是大城市特別大。這也是沒辦法的事，人多地少，建設超大城市是效率最高的發展方式，落後國家沒什麼更好的選擇。但是這一策略的好處和壞處都很明顯，城市越大，人的幸福感越低落。

提高單身成本就能催生嗎？

鼓勵生育，如果只是喊喊口號，對提高生育率可能沒什麼用。「不生孩子」這個觀念跟消費主義差不多，事實上，這就是消費主義的一部分，放棄生育後代，換取自己過得輕鬆自在。放棄生育後代的本質就是放棄儲蓄和投資，好好消費。

這種觀念一旦扎了根，很可能就無法逆轉了，你再說什麼他都聽不進去，所以基本上也可以放棄「勸生」這個想法了。

日本、韓國現在最慘的地方就在於，要不開放移民，等著國家變色；要不就慢慢消亡。沒什麼特別好的選擇。

對於中國來說，雖然情況不樂觀，但還沒有那麼糟糕，畢竟幅員遼闊，人口基數也大，時間比較充足。

況且，中國的很多問題，其實就是人口太多、資源太少導致的。人口適量降低並不是壞事，只是別太超過就行了，到時候一個年輕人養兩個老人和一個小孩，如果生產力無法突破的話，日子就過不下去了。

既然人口不能急降，就不妨從以下幾件事著手，比如不要動不動就指責那些願意生孩子的人。一方面，如果他們過得很慘，會加劇「中立區」的人倒向「拒生區」；另一方面，如果他們也不生了，年輕人暴跌，對國家發展的負面影響也非常大。

所以社會輿論應該形成共識，如果別人不想生，大家不應該對他指手畫腳，畢竟除了親媽，其他人都不太合適多管閒事。

而有人要是想生，就更沒必要圍攻人家了。

政府後續可能也會學習西方國家，提供生育婦女大量的優惠政策。不僅如此，還要提供雇用生育年齡女性的公司稅收和貸款方面的優惠。道理很簡單，如果生孩子會丟工作，還有誰想生孩子呢？

那這些成本誰來承擔？西方國家一般的做法是讓單身人士和頂客族來承擔。以德國為例，單身稅最重，頂客族次之，生孩子的家庭有大量補助。不過在這種情況下依舊無法遏止生育率下跌，德國還得從土耳其引進人口。

有意思的是，國家明目張膽地規定頂客族多繳稅，恐怕沒人能接受，但是如果國家提供多生孩子的家庭補助，變相地讓頂客族繳稅較多，大眾又普遍覺得沒什麼問題。已開發國家一般都是這樣來轉嫁成本。

總結來說：

一、人口適當下降並不是壞事，而且幾乎不可避免，工業化和大城市本身就具有避孕效果。不過人口減少並不是均勻的，比如將來一線大城市的出生率可能最低，但是這些城市可以從全國吸收人口，最後這些城市的人口不降反升，反倒是其他地方的人口被一線城市給吸收了。

二、人口下降會改變很多產業的格局，比如我一個做培訓的朋友說，到了二〇三〇年，他們這個行業可能會萎縮一半。

三、將來也無可避免會像西方國家一樣走上鼓勵生育的路線。

四、需要擔心的是人口結構失衡，比如老年人的比例衝到百分之三十以上，社會養老的壓力會非常大。日本現在每個人一生下來就背著一屁股債，也是這個原因。

24 如果不向上攀爬，就只能向下墜落

前陣子看到問答網站上有幾則貼文：

「為什麼感覺這兩年機會變少了？」

「為什麼工作感覺越來越無聊，缺乏動力？」

「這兩年跳槽加薪的機會漸漸變少了。」

其實我幾年前就注意到一個問題，從我去過的那些國家來看，似乎只有中國社會變革這麼快，尤其是前幾年，平民致富的故事時有耳聞，而其他國家這種情形早就不復存在了。而年輕人幾年就可以累積到父輩一輩子積存的財富，也只有在中國看得到。

那為什麼這兩年卻越來越少了呢？原因並不複雜，不過在說明原因之前，我想先聊聊巴西和日本的情況。

歲月靜好還是一攤死水？

我去過不少地方，如果要我說人們工作最沒動力、機會最少的國家，我腦子裡立刻會蹦出來兩個國家——巴西和日本。

巴西和日本是完全不同類型的國家，首先說說巴西。巴西這個國家很有意思，從理論上來說，它應該比加拿大還富有，但是它跟加拿大又不一樣，就人口數量而言，巴西是大國，人口有兩億多，加拿大其實算小國，人口只比重慶多幾百萬，但這麼少的人卻占著那麼大的領土。

如果實地去感受一下，就能發現加拿大比巴西富裕得多。巴西的貧富差距嚴重，看起來GDP好像不低，但是少數富人切走了大塊蛋糕，巴西高級富人區和印度一樣，富麗堂皇，跟曼哈頓差不多。

奇怪的是，巴西富人區也建在貧民窟旁邊，說不定他們每天早上從窗戶望出去，也能提升幸福感。

富人們住在富人區，從事高收益的工作，比如礦業、農業等，或者從事跟基礎設施相關的工作，如電信業、供水業等。巴西沒什麼工業，以前有一些工業，可這些年都沒了。

在巴西社會裡，老百姓並不覺得「明天會更好」，好像都是過一天算一天。事實上，巴西在過去幾十年間變化並不大，這幾年甚至有點倒退，當初被高盛的經濟學家評為「金磚四國」（BRIC，即巴西、俄羅斯、印度、中國）之一，現在已經基本上沒人再提起了，因為巴西經濟實在是一言難盡。

更誇張的是，我同事以前說想在聖保羅買房，因為他上海的房價暴漲，覺得巴西首都的房子這麼便宜沒道理，後來想來想去沒買，因為他覺得這麼好的事輪不到自己，如果真要漲，應該早就漲了。前幾天我問他那邊房價漲了沒，他問了一下那邊的朋友，說是跌了。

首都房價下跌，也是奇特的現象，畢竟連印度首都的房價都在上漲。各國一般都在超發貨幣，民眾為了保值則會買房來對抗通膨，而巴西人卻連通膨都懶得理，一點也不給通膨面子。

巴西人就是及時行樂主義者，「加班」這個詞在巴西是不存在的，整個國家彌漫著悠閒的氣氛，到處都是果樹，碰上成熟季節，果子直接掉在地上，所以不存在餓死人的情形。

至於日本，日本這個國家更奇特。如果你剛接觸，會覺得非常驚喜，整個國家又精緻又和諧，而且非常漂亮、乾淨，就跟進入一個漂亮的「高尚」社區一樣。

但是，等你在日本待的時間長了，就會發現整個國家、每個人都像設置好了程式一般，每天周而復始，且在客客氣氣的外表下，是嚴密的社會階級劃分。

先說個在北上廣深經常發生的情況：今天你狠狠修理了一個年輕人，明天他憤而離職，再過幾天他找到新工作，薪水翻倍，踩到你頭上去了，還傳訊息稱呼你「小王」，而不過幾天前他還稱呼你「王總」。

這種場景在日本幾乎不大可能發生，或者說非常非常稀少。日本受過教育的階層很少換工作，絕大部分都是一畢業就去一家公司，在那裡待到老，升職加薪全要靠資歷。若你在一間公司待了很久，然後跳槽到另一家公司，就得重新累積資歷，那就真的是四十歲的「小王」了。

所以日本人在處理人際關係方面總是小心翼翼，畢竟要一起相處很多年，不能太疏遠，也不能太親近，不論何時都滿臉假笑，生怕讓別人覺得自己不友好，日後不好相處。

我這幾年見到好幾個人跑去日本，剛去的時候冒冒失失，就跟沒進過城的鄉巴佬一樣天天處於亢奮狀態，時不時更新日常所見。然而幾年下來，這些人越來越消極，再後來就沒消息了，一般過個三五年就會搬回來了，因為實在受不了人和人之間那種內在的冷漠。日本那種高度靜態的社會能把大部分人逼瘋。

而且日本人不大喜歡二手房，所以日本的二手房往往不好賣。這也是為什麼日本的房市非常穩定。當然，最主要的還是人口老化。人口對於城市具有決定性的影響。

為什麼本章要說這兩個國家呢？因為這兩個國家跟中國有一點比較相似，社會、經濟都曾經歷高速發展的時期，但兩者後來都陷入社會嚴重缺乏活力的狀態。

為什麼會這樣？

說白了，巴西和日本一樣，在過去幾十年裡，都沒怎麼趕上行動網路大爆發的潮流，所以社會結構沒有受到衝擊，市場非常穩定，不曾經歷洗牌，二十年前的大公司現在還是大公司，既然沒有新的大公司崛起，普通人也就別想從洗牌中獲益。

中國社會可能也漸漸體會到一絲乏力，覺得機會慢慢變少，所有行業的利潤都越攤越薄，且逐步「餐飲化」（餐飲行業利潤薄，更新快，跟炒股似的，十家有八家賠），這其實也是社會整體技術紅利逐漸耗盡的跡象，很快的，「跳槽」加薪這種事也沒得指望了。

一個行業紅利耗盡的標誌，就是你想跳槽都沒地方跳，如果無法跳槽，那當然只能待在一家公司裡熬資歷了。

只有科技發生突破，才會產生一系列的推倒重置，比如百度在上次行動網路的崛起過程中被推倒，然後興起了許多手機公司，還有微信、拼多多、頭條系等。這個過程又會產生額外的紅利，比如全國無數個科技園區大受歡迎，無數個家庭靠著這輪科技紅利過上了幸福生活，如果行動網路沒有在中國爆發，「軟體工程師高收入」就跟痴人說夢一般。

再過一陣子，這番動盪就跟瓶子裡的水和油一樣慢慢平靜下來，形成新的格局。就好像地球以前是熱氣騰騰、黏糊糊的狀態，冷卻下來就定型了。在沒有外力打破的情況下，中國很可能會成為德國或者日本那種形態，整個社會非常穩定，波動非常小，當然，機會也會變少。日本、德國還算好的，可以說是「高位停滯」，其他國家則大多被鎖死在低位水準。

在加入世界貿易組織（WTO）之前，中國的發展情況一般，加入世界貿易組織後，由於需求和技術輸入，引發中國大發展。這兩年發展速度明顯減緩，大家就覺得生活好像不如以前那麼揮灑自如了。

若是不出意料，再過一些年，社會各方面就會變得非常穩定，大家也不再隨便跳槽。現在大家覺得工作沒動力且乏味，很大一部分原因是奇蹟越來越少，剩下的全是日復一日的例行工作。

當然，那個時候可能大家也不在意了，每天安安心心地上班，業餘時間找點娛樂。現在世界各國像中國這樣全體人民想著要進步的，好像沒有了，日韓以前也有這種熱情，如今也消退了。

中國現在也出現了一些跡象，例如淘寶、京東、拼多多三家公司就占了那麼大的線上市場份額，手機產業也只剩下幾個巨頭，而且線上影視平臺、影片分享平臺、社交通訊軟體都有一家發展非常成熟的公司作為中流砥柱，這就是市場趨於成熟穩定的明顯徵兆。

一旦巨頭在成熟領域站穩腳跟，很可能就會盤踞幾十年、上百年，直到新科技出現，才會不情不願地離開。

在這個過程中，社會勢必會慢慢趨於平靜，比如日本，能做的生意、能發財的機會越來越少，明明是非常發達的社會，但是身在其中的人卻感覺生活非常無聊。當然，也可能是因為新科技在某些國家根本沒有開花結果，只能玩點第二次工業革命的成果，像是農場和礦產之類的，比如巴西和阿根廷。

所以說，巴西就是「中等收入陷阱」，日本就是「高等收入陷阱」。兩者都是發展到某個狀態，各個產業都不再有紅利，社會無法繼續向上突破，然後就凝固了。

將阻力化作自我提升的神助攻

在中國成功研製挖地鐵的機器之前，德國人是靠那個機器躺著賺錢的，幾乎是任由德國開價，不然就只能靠人力用鐵鍬去挖隧道。

而一旦研發成功，這種機器可以供養幾萬個家庭，幾十萬人，若是把這種機器賣到海外，又可以創匯，公司有了錢便可以研發更加先進的設備，招聘更多技術人員，進行新一輪技術擴張。

其他產業的發展也差不多，比如這陣子熱議的華為，以前其實就非常厲害，在電信領域硬生生地殺出一條血路，雖然過程中也被整過幾次，不過那時候美國比較講道理。

以手機為例，中國企業原本類似「集成商」，手機裡的大部分關鍵零件都是外國的。從華為開始，中國走上了自主研發的道路，然後就被美國盯上了。

不自主研發肯定不行，那樣很快中國就會陷入內捲，然後迅速凝固。

不過在二〇一八年之前，中國絕大多數人都不考慮從頭開始生產手機裡的那些晶片，一方面不划算，就像你需要一把菜刀，你是去買一把，還是自己開個鐵匠鋪打造一把？當然是買一把比較划算。另一方面是前期投入太大，而且最後可能還得不到什麼結果。

但是現在基本上已經達成共識了，自己不研發晶片就是死路一條。沒有選擇反而就是選擇。

我前陣子去招募，一起參加招募的就有中芯國際的人，他們隊伍中有個年輕人看起來比較好說話，我們聊了一會兒。

這個年輕人從中國科學技術大學畢業後去美國讀博士，畢業後在美國的一家晶片公司上班，公司裡華人最高只能做到中階幹部，所以他一進公司就覺得不滿，職業生涯彷彿已經走到了一半，想回國，可國內的晶片產業又沒發展空間。

後來聽說美國要打壓中國的晶片產業，他便聯繫上中芯國際的一個主管，溝通協商再加上跟老婆反覆討論後，他便攜家帶眷地回國了。剛進公司就發現部門裡沒幾個人，才過試用期主管就讓他帶三個人，現在他手底下已經有兩個專案組了。

他說晶片這種東西，外行人覺得好像很高端，其實研發晶片雖然不容易，卻也沒那麼難，最難的是「划算」和「成本」的問題。在市場上已有成熟供應鏈的情況下，你生產出來也賣不出去。

品質不如國外生產的，成本還比別人高，根本不會有人買，最終就是死路一條。但是現在不一樣了，美國不賣了，趕鴨子上架也得要自己研發。不只華為，所有國內手機廠商都盯著這些晶片研發者。也不只那些手機廠商，還有上海微電子什麼的，現在他們的當務之急就是盡快研發晶片，不僅國家撥款，從市場上也融到不少資金，算是市場和國家都用錢投了票，這是投票界的最高境界。如今他們團隊的成員都是從美國、德國攜家帶眷回來的。

他還說，網路上不少自媒體悲觀得不得了，其實有什麼好怕的，他們那些晶片研發者都是拿自己的職業生涯和全家人的後半輩子下賭注。

只要生產出來的東西能賣出去，疊代循環就運轉起來了，一旦「生產－市場－研發」這個「工業之輪」滾動起來，就沒有解決不了的問題。

他認為國家現在面臨巨大挑戰，但是對於他們這些晶片研發者來說，是百年難得一見的機會，如果順利把這事搞定，就能填補一個海量的需求大坑。他們現在這批研發晶片的人，就類似二〇一〇年左右加入網際網路的那些人。

他給我看了一個名單，說名單上的人，前幾年在市場上還找不到能發揮所長的工作，應徵網際網路企業也被秒殺，但現在這類人才供不應求，個個都能開出高薪，就等大老闆點頭，就要去上班了。

如果晶片生產能向上突破，科技樹進一步向上爬，產業平均水準也會跟著提升，水漲船高，帶動上下游，又會出現一堆機會與職缺，前途可期。

而且新技術會帶動整個社會的變革，比如無數家庭會因為新技術的突破變成中產階級，這些人消費能力變高，又會讓其他領域的蛋糕變大，就好像電商的崛起讓南方鄉村裡的人跟著賺了一筆，他們富裕後又進一步推動市場繁榮。

不過說實在的，挑戰也非常大。這就好像當初美國偷了英國看家的紡織機技術起家一樣，讓英國痛心疾首了好多年。美國的「製造業之父」塞繆爾·斯萊特（Samuel Slater），到現在還是英國「史上最大的叛國者」。而現在美國又在嚴防晶片技術外流，多麼奇怪的巧合。

現在高科技領域就是歐美國家的乳牛牧場，肯定不願意別人去分一杯羹。

但是中國又不能不往上走，否則很快就會陷入日本和巴西的那種狀態，問題是，中國現在人均 GDP 遠遠沒有日本那麼高，既然沒辦法退，那就只能上了。

幾年前我去美國就注意到一個問題，你可以看到美國超市裡一大包牛肉九．九美元（臺幣近三百），兩條龍蝦尾十二美元（臺幣約三百五），家家戶戶都有汽車。但再看看中國，再看看其他未開發國家，就會發現，越窮的國家，好東西越貴！也就是說，國家興衰，直接決定你去超市能買到多少東西。所謂的「小民尊嚴」，其實完全與大國崛起掛鉤，國家發展不起來，就會人人面黃肌瘦，過年才能吃一頓肉。

社會整體的目標應該定在努力提高十四億人的生活水準，讓大家過上幸福的生活。不少人天天羨慕歐美已開發國家的生活水準，卻完全沒有意識到要達到那個目標需要做點什麼。

那到底該做什麼呢？

只能奮鬥，讓所有領域的科技提升，工程、技術、管理等，不然很快就會陷入「低機會陷阱」，現在沒出頭的人就再也別想出頭了。

而所謂「中等收入陷阱」，其實就是技術被封鎖後無法提升，整個社會淪為打工一族，永遠只能吃別人分給你的那一份，僧多粥少，自然就容易陷入激烈的內耗和內部競爭。

這種衝突未來不知道會持續到什麼時候，不過肯定是一場曠日廢時的惡戰，我倒是不相信全球化會開倒車，不過技術封鎖是無庸置疑了。如今也只能放棄幻想，認真苦幹。畢竟，除了向上攀爬，已經沒有別的路可選了。

高寶書版集團
gobooks.com.tw

RI 365
微小疊代：你不需要完美的起點，只需要不斷進化

作　　者　九　邊
特約編輯　余純菁
助理編輯　林子鈺
封面設計　黃馨儀
內頁排版　賴姵均
企　　劃　鍾惠鈞

發 行 人　朱凱蕾
出　　版　英屬維京群島商高寶國際有限公司台灣分公司
　　　　　Global Group Holdings, Ltd.
地　　址　台北市內湖區洲子街 88 號 3 樓
網　　址　gobooks.com.tw
電　　話　（02）27992788
電　　郵　readers@gobooks.com.tw（讀者服務部）
傳　　真　出版部（02）27990909　行銷部（02）27993088
郵政劃撥　19394552
戶　　名　英屬維京群島商高寶國際有限公司台灣分公司
發　　行　英屬維京群島商高寶國際有限公司台灣分公司
初版日期　2022 年 10 月

原著作名：【複雜世界的明白人】
作者：九邊
本書由天津磨鐵圖書有限公司授權出版，
限在港澳臺及新馬地區發行
非經書面同意，不得以任何形式任意複製、轉載。

國家圖書館出版品預行編目（CIP）資料

微小疊代：你不需要完美的起點，只需要不斷進化 / 九邊著. -- 初版. -- 臺北市：英屬維京群島商高寶國際有限公司臺灣分公司, 2022.10
面；　公分.--（致富館；RI 365）

ISBN 978-986-506-511-9（平裝）

1. 職場成功法

494.35　　111012718